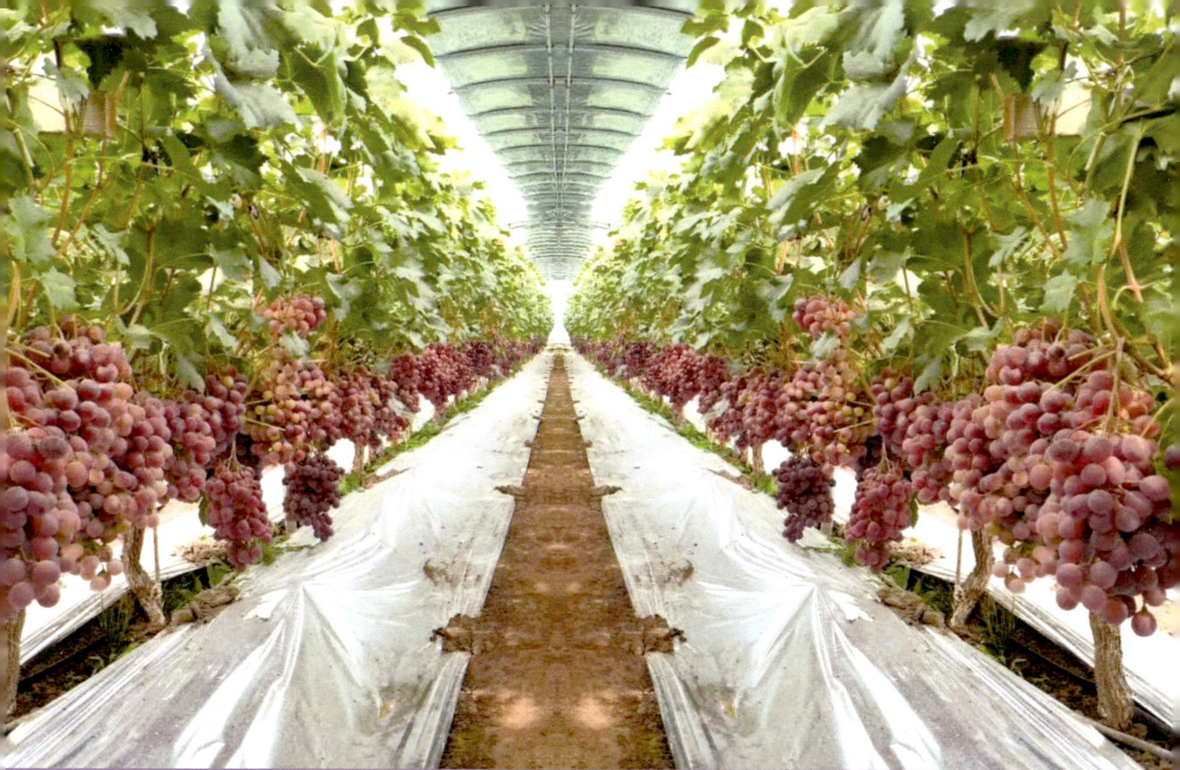

现代农业栽培实用技术丛书

西北地区设施葡萄简约化栽培技术

XIBEI DIQU SHESHI PUTAO JIANYUEHUA ZAIPEI JISHU

马宗桓 / 丛书主编　于柱英 / 本书主编

图书在版编目（CIP）数据

西北地区设施葡萄简约化栽培技术 / 于柱英主编
. -- 兰州 : 兰州大学出版社, 2023.8
（现代农业栽培实用技术丛书 / 马宗桓主编）
ISBN 978-7-311-06526-3

Ⅰ. ①西… Ⅱ. ①于… Ⅲ. ①葡萄栽培－设施农业－西北地区 Ⅳ. ①S628

中国国家版本馆CIP数据核字(2023)第139757号

责任编辑 米宝琴
封面设计 汪如祥

书　　名 西北地区设施葡萄简约化栽培技术
作　　者 于柱英 主编
出版发行 兰州大学出版社 （地址:兰州市天水南路222号 730000）
电　　话 0931-8912613(总编办公室) 0931-8617156(营销中心)
网　　址 http://press.lzu.edu.cn
电子信箱 press@lzu.edu.cn
印　　刷 西安日报社印务中心
开　　本 710 mm×1020 mm 1/16
印　　张 13(插页16)
字　　数 230千
版　　次 2023年8月第1版
印　　次 2023年8月第1次印刷
书　　号 ISBN 978-7-311-06526-3
定　　价 48.00元

（图书若有破损、缺页、掉页，可随时与本社联系）

作者简介

于柱英，1971年出生，汉族，甘肃省古浪县人，武威市林业综合服务中心林技推广站站长，农业硕士，高级工程师。主持或参与完成省市林业技术攻关、科技推广、生产建设等项目21项，曾获省科技进步三等奖2项，市科技进步奖11项。作为省、市科技特派员，常年奔波在生产第一线，编写农牧民培训材料11本，发表专业学术论文30多篇。

内容简介

本书根据设施葡萄栽培的特点，主要介绍了西北地区设施葡萄简约化栽培技术，主要内容包括西北地区设施葡萄简约化栽培的发展趋势和意义特点、栽培类型、设施优化建造、适宜品种、建园技术、架形架式、枝蔓和花果管理、化控激素应用、光温调控、土肥水管理以及病虫害防治等。本书的出版可为有效降低劳动强度，提高葡萄产业的经济效益和社会效益，助力乡村振兴，实现高质量发展奠定基础。本书可供从事设施葡萄栽培的科技工作者以及广大果农参考。

设施栽培主要品种

阳光玫瑰

黄金蜜

红地球

克瑞森无核

葡之梦

紫甜无核

玫瑰香

中国红玫瑰

夏黑

设施栽培架式树形和花果管理

篱架树形

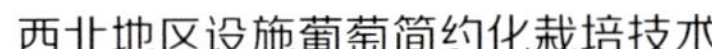

Y 架树形

棚架树形

T架树形

L架树形

飞鸟架树形

疏果和整理果穗

主要病虫害和缺素症

葡萄灰霉病

葡萄锈病

葡萄扇叶病

葡萄霜霉病

葡萄裂果症

葡萄日灼症

葡萄蚧壳虫

葡萄卷叶病

葡萄锈壁虱

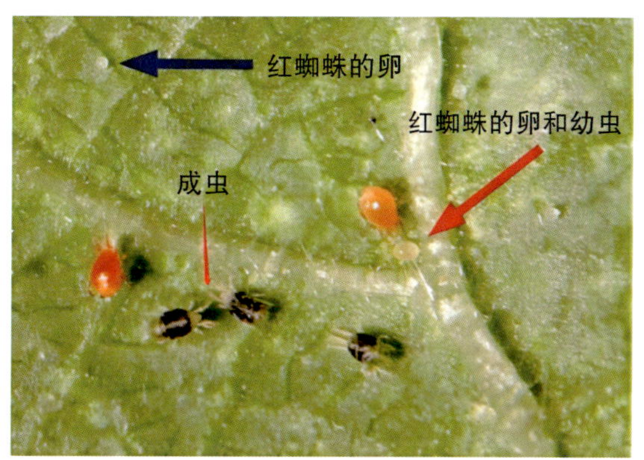

葡萄红蜘蛛

葡萄绿盲蝽

葡萄气灼症

缺钾症状

缺铁症状

温室氨气危害症状

前　言

设施葡萄栽培是指利用各类温室、塑料大棚或其他保护设施，通过创造或控制葡萄生长发育的环境条件，达到促早延后、改善品质、采摘观光等生产目的的特殊栽培方式。它具有产期灵活、果品质优、可拓展栽培范围、经济效益高等特点，对提高葡萄产业的经济效益和社会效益，助力乡村振兴，实现高质量发展有着重要的战略意义。

葡萄是世界水果中种植历史长、面积大、产量高的果树。葡萄又是结果最快的果树，一年栽苗，二年结果，三年丰产，低矮的藤本、易于造型的树形非常适合设施种植，已成为果树设施栽培最主要的品种。近20年来，随着日光温室、塑料大棚、连栋温室等建造技术及其设施设备的革新，设施葡萄栽培有了快速发展。目前我国设施葡萄种植面积在25万 hm^2 以上，占总栽培面积的26%左右，为葡萄常年化供应作出了贡献。

简约化栽培是将单项的施肥、灌溉、深翻等田间管理措施组装配套为综合的省力化栽培技术，以有效降低劳动强度，解决农业劳动力日益紧缺问题，逐步实现工厂化生产为目标。

设施栽培条件下，由于温度、湿度、光照、气体等环境因子以及生长发育节律的改变，加之简约化管理操作，必然会导致葡萄对这些变化在生长发育和植物生理方面进行适应性响应，致使其产生与露地常规栽培技术的不同。从2000年初开始，笔者就开始从事葡萄栽培技术推广工作。先后主持和参加完成了国家林业和草原局及甘肃省林业和草原局、甘肃省科技厅、武威市科技局等部门下达的葡萄栽培方面的技术攻关、科技推广、生产建设等项目8项，编写科技培训教材和材料11本。本书就是以总结上述研究成果为基础，在参考国内外技术资料的基础上编写而成的。

本书根据设施葡萄的特点，从西北地区设施葡萄简约化栽培的发展趋势和意义特点、栽培类型、设施优化建造、适宜品种、建园技术、架形架式、枝蔓和花果管理、化控激素应用、光温调控、土肥水管理以及病虫害防治等方面进行了阐述，可供从事设施葡萄栽培的科技工作者和广大果农参考。

在项目实施及本书编写过程中，我们得到了甘肃省武威市林业综合服务中心领导及同事的指导和帮助，在此致以衷心的感谢!

由于笔者的业务水平所限，加之掌握的技术资料有限，本书难免有疏漏之处，恳请读者批评指正。

于柱英

2023年4月

目 录

第一章　绪论

第一节　设施葡萄简约化栽培概述

设施葡萄栽培又叫保护地栽培，是指利用各类温室、塑料大棚或其他保护设施，通过控制光照、温度、湿度、水分、二氧化碳、土壤等环境因子，为葡萄的生长发育提供适宜的环境条件，达到促早延后、改善品质、农业观光等生产目的的特殊的栽培方式。它具有产期灵活、果品质优、可拓展栽培范围、抗灾防灾、省工省力、经济效益高等特点，对延长葡萄鲜果供应期，调节市场周年供应，提高产量和质量，生产无公害高端果品，扩大优良品种栽培区域，充分利用土地、人力和自然资源，提高林果产业的经济效益和社会效益，助力乡村振兴有着重要的战略意义，是实现果业高质量发展的重要途径。

葡萄作为果树设施栽培最主要的品种，在我国有着悠久的历史。特别是近20年以来，随着日光温室、塑料大棚、连栋温室等建造技术的革新，生产机械的开发及覆盖材料的升级，进一步提升了设施生产水平，设施葡萄栽培也有了长足发展，已成为葡萄栽培发展的新趋势及葡萄产业发展的新动力，也是现代农业重要的发展模式。

简约化栽培技术是一项将施肥、灌溉、耕作及其他田间管理措施相结合的综合栽培技术。它采用机械嫁接技术、肥水一体化技术、整枝绑蔓技术、植株化学调控技术、机械化作业等一套现代化生产管理技术，简化栽培程序，降低劳动强度，提高劳动生产率，以实现葡萄栽培操作管理的简约化，有效降低了劳动强度，解决了农村劳动力日益紧缺的问题，可逐步实现工厂化生产目标。

设施葡萄栽培，可以在不适宜葡萄生长发育的季节和地区拓展栽培，也可以在适宜葡萄栽培的季节和地区避害栽培，生产特定目标的优质产品。和露地常规栽培相比，设施葡萄简约化栽培技术是一个全新的领域。由于在设施栽培条件下，温度、湿度、光照等环境因子以及生长发育规律的改变，加之有别于传统理念的简约化管理操作，必然会导致葡萄的生长发育机理发生变化，相应地，葡萄对这些变化也在生长发育和植物生理方面进行适应性响应。这就要求在设施栽培条件下，从适宜品种、栽培密度、架形架式、化控激素应用、光温调控、土肥水管理以及病虫害防治等方面，制订一套与常规露地栽培技术不同的技术。

设施葡萄栽培是葡萄产业的新业态，也是依靠科技进步而兴起的产业，需要有多学科的综合配套技术作支撑。但目前栽培中还存在沿用露地生产的常规技术，缺乏在一定理论基础上的规范化、模式化栽培操作技术等，未能很好地达到高质量发展的栽培目的。因此，全面总结设施葡萄简约化栽培的理论和技术，对促进葡萄乃至果树设施栽培技术发展，丰富栽培学内容，进而为产业发展提供有效技术支撑具有积极的意义。

第二节　设施葡萄简约化栽培的发展和趋势

一、国外设施葡萄栽培的历史与现状

国外设施葡萄栽培最早始于英国，在中世纪的宫廷中作为园艺植物栽培观赏。19世纪初，欧洲就有玻璃温室栽培葡萄，但因建造成本高，无法大面积发展。到20世纪中后期，随着塑料薄膜在设施农业生产中的推广应用，温室建造成本大幅下降，设施葡萄栽培得到快速发展，在世界设施果树中占据主导地位，其中荷兰、比利时、意大利等国发展速度更快，规模更大。1940年，荷兰和比利时约有葡萄温室8500个，面积1400 hm^2。1990年后，意大利设施葡萄栽培面积长期稳定在7000 hm^2左右。目前，荷兰和意大利的鲜食葡萄几乎都是温室生产的。亚洲地区，日本是设施葡萄栽培时间最早、技术最发达的国家。1882

年，日本开始设施葡萄栽培，目前约有7000 hm^2，占葡萄栽培面积的50%左右。另外，韩国近年来也有较大规模的设施葡萄栽培。近二三十年来，世界葡萄生产大国在设施栽培稳步发展的同时，开展了设施葡萄栽培理论和技术的研究，在温室设施装配化、环境调控自动化、远程控制物联网化、生产管理机械化等方面取得了重大突破，并探索出不同地区适宜的栽培品种和生产模式，为设施栽培提供了技术支撑。

二、我国设施葡萄栽培的历史与现状

据考证，我国设施园艺的发展起源于秦汉时期。18世纪以来，玻璃温室也逐渐传到我国，以玻璃温室进行设施园艺生产。20世纪50年代，随着世界塑料工业的兴起，塑料大棚生产技术传入我国。因此，我国的设施葡萄栽培也将此期作为起始阶段。此后，设施葡萄栽培从观赏和科学研究，到庭院栽培和小规模试验发展，并在天津、黑龙江、北京、辽宁、山东等地，进行区域性栽培获得初步成功。20世纪80年代，随着栽培管理技术的不断改进和成熟，设施葡萄首先在东北、华北地区推广发展，栽培规模迅速扩大，并获得了较高的经济效益。20世纪90年代，长江下游三角洲一带的设施葡萄避雨栽培也兴起发展，为设施栽培赋予了新的内容。同时，围绕品种选择、设施结构、环境调控、树形架式等技术问题，北京、辽宁、天津、上海、浙江等地的农林科研院所，开展了诸多试验研究，取得了良好的效果。21世纪后，随着人民生活水平的日益提高和市场需求的不断扩大，加之早中晚熟葡萄品种的齐全、矮密丰技术的发展、果品淡季市场的丰厚利润、设施设备的质优价廉、环境控制技术的提高以及简约化技术的开发应用等，设施葡萄栽培得到迅猛发展，栽培区域迅速扩展到国内大多数地区，形成了以辽宁、河北、天津、北京、山东、甘肃、宁夏、陕西、新疆、上海、江苏、湖南、广西、四川、浙江、云南等为重点产区的设施葡萄栽培新格局。

目前，我国设施葡萄面积已超过20万 hm^2，占葡萄总面积的25%以上，总产量300多万吨。无论是栽培面积还是产量均居世界首位，并形成以下四大利好态势：

（1）产业布局优化形成，区域优势凸显

目前，设施葡萄生产逐渐向具有自然资源优势和产业基础好的区域集中，已经形成了以下4个优势产区。

①环渤海湾产区。其主要包括辽宁、山东、河北、北京和天津等地区，是我国主要的传统葡萄产区，也是设施促早栽培最为集中的优势区域。

②西北产区。其主要包括甘肃、宁夏、陕西和新疆等地区，是延后栽培最为集中的优势区域。

③黄河与长江中下游产区。其主要包括浙江、江苏、上海、河南、安徽、湖南、湖北等地区，是设施避雨栽培最为集中的优势区域。

④西南产区。其主要包括广西、四川、云南、贵州等地区，主要栽培类型是避雨栽培。

（2）品种不断培优，果实品质进一步提升

目前，我国设施葡萄新品种的选、引、育成效显著，适应市场需求的各个树种及相应的优良品种不断培育优化，并及时推广，品种结构有了明显改善。重点发展的品种有引进的阳光玫瑰、夏黑、藤稔、无核白鸡心、无核红宝石和国内选育的色香、醉金香等。

（3）栽培类型丰富多样，经济效益显著

设施栽培主要包括避雨栽培、促早栽培和延后栽培等多种栽培类型，其中避雨栽培和促早栽培2种设施栽培类型面积最大，延后栽培呈零星分布状态，集中分布在甘肃和宁夏等地区。建园第2年，设施葡萄亩[①]产量就可稳定在800 kg以上，平均亩收益3万元左右，高的可达5万元，保障了市场的常年供应，产生了显著的经济效益。近年来，以农业观光、体验采摘、认领认养、科普教育、盆景造型为主旨的新形式和多元化设施栽培逐渐形成规模，在城郊和景区附近有快速扩大的趋势。

（4）简约化栽培技术日臻完善

通过总结推广起垄栽培、高光效省力化树形及简化修剪、土壤改良、肥水一体化高效利用、花果精细管理、连年丰产措施、病虫害绿色综合防控等节本、优质、高效、绿色、安全生产关键技术，设施葡萄生产开始进入质量效益型阶段，浆果品质全面改善，优质果率显著提升，安全水平同步提高。

① 因本书主要使用对象为一线种植用户，故书中面积用亩表示，1亩约为666.7 m^2，下同。

三、存在的主要问题

（一）优良品种资源较少

葡萄品种种植区划方面未系统开展过全国性的研究，缺乏同产业规划和布局相配套的系列化设施专用品种，适合自然资源优势的地域品种少，不适应栽培品种多样化、地域化的要求。引进品种多，具有自主知识产权的品种占比低，这将成为设施葡萄健康发展的主要障碍。一些新的品种往往在全国各地聚集使用，跟风而上，致使产期集中，品种单调。另外，露地栽培品种中筛选的许多品种，主要生物习性不适合设施栽培，产量低、病虫害严重等问题时常发生。

（二）设施结构不尽合理

目前，设施葡萄栽培的温室大棚结构，基本为蔬菜温室大棚的模式，尚未有专门用于葡萄栽培的设施设备，在高度、跨度、通风口设置以及调控光照、温度、湿度等参数方面存在结构不够合理，往往造成不能完全满足葡萄生长发育和不能充分利用空间的问题。缺乏抗老化的专用棚膜等设施材料，自动化、机械化程度低，简约化操控能力弱等。

（三）精准配套的栽培技术还不到位

设施栽培技术多是沿用露地栽培技术经总结后而推广应用的，按照设施精准栽培标准，在使用脱毒种苗、需冷量和打破休眠、智能化自动化操作、精准配方施肥、简约化整形修剪、化控激素科学应用、连年丰产、活体保鲜、高端果品生产、技术服务体系建立、试验示范推广机制等方面存在不够到位的问题。化肥及农药的不合理使用，使果品质量安全的风险时常存在。

（四）产业化程度有待提高

设施葡萄栽培高投入、高产出、高技术含量、高风险的特点，决定了其必须走产业化发展的道路，这是现代果业发展的必由之路。然而，目前我国的设施葡萄栽培均存在生产标准化程度低，品牌意识薄弱，致使品质差异大，优质高端产品比例低。同时，龙头企业作用发挥不好，组织化能力弱，品种单调，产期集中，出现了季节性和地区性的产能过剩，制约了设施葡萄产业的健康发展。

四、设施葡萄简约化栽培的发展趋势

我国现阶段设施葡萄简约化栽培的总体发展趋势是以乡村振兴为总抓手，坚持绿色发展和高质量发展理念，以构建现代生产体系和经营服务体系为目标，以品种培优、品质提升、品牌打造和标准化生产为重点，实施创新驱动战略，研发新品种、新技术、新产品，建立节本、绿色、生态、轻简、优质、高效、安全的生产体系，进而提升产品市场竞争力。

（一）专业品种的引进选育和实施优势区域发展战略

品种优良化和栽培区域化是品种表现最优化和地区发挥特色化的必要保证。要充分利用我国丰富的葡萄资源，自育与引进相结合，选育出具有自主知识产权，适于我国不同地区及不同生产目标的设施葡萄优良专用品种和砧木，满足多元化栽培和市场需求，克服设施葡萄品种单一化问题。品种结构上，应向早中晚品种搭配栽培和果实具有多元化风味目标转变。同时，要做好设施葡萄品种区域化试验，使品种适地栽培；并以市场为导向，结合地区生态气候和区位优势，形成优势产区，实行区域化和集约化栽培。

（二）设施葡萄种苗的无毒化和标准化

葡萄脱毒苗木栽培，具有树势强健，骨干枝牢固，结果枝分布均匀，果园整齐度高，早实性、丰产性好，增产潜力大而稳定，果实品质和商品率高，抗性强等优点，且在设施封闭环境中植株维持无毒年限长，特别适于设施栽培。要通过苗木无毒化和标准化管控，保证设施葡萄苗木的质量，控制病虫害蔓延扩散。同时，重视和加强葡萄抗性砧木的选育及使用，大力推广应用优良砧木嫁接苗栽培。

（三）设施葡萄节本优质简约生产

通过研发专业化、功能全、易操作、抗灾强，适合中国不同地区设施葡萄栽培的设施结构、覆盖材料、配套装置、生产机械机具等，推广应用组装化设施，提高机械化、智能化、自动化水平，进行省工省力管理，降低劳动强度，提高工作效率；通过精准肥水管理、设施环境和植株有效控制、病虫害绿色防控、连年丰产和洁净生产等技术的研发和推广应用，注重绿色安全生产，提高

产量和品质，建立起综合配套的节本优质简约生产技术体系。

（四）适度规模的产业发展扶持政策

设施葡萄栽培受市场价格的影响，往往会造成发展规模产生较大的波动。因此，在产业扶持政策方面要正确引导，适度发展，因地制宜，稳步推进。发展上既要积极扶持，又要慎重稳妥。要正确掌握全国各地设施葡萄栽培的现状，分析发展态势，不失时机地调整发展战略，积极正确地引导和扶持，使设施葡萄栽培健康协调发展。

（五）完善的营销服务体系

地方各级人民政府要创造有利环境，培育壮大龙头骨干企业，强化品牌战略，打造产地品牌，搞好商品化基地建设，不断提高设施葡萄生产的组织化程度，错峰生产，均衡上市。开拓市场，促进服务，建立起生产—销售—市场信息服务体系。建立电子商务、精品园艺、旅游观光采摘、体验式消费等多种新型营销模式。构建面向设施葡萄研究、管理和生产决策的平台，为设施葡萄产业的高质量发展提供科技支撑。

第三节　西北地区设施葡萄简约化栽培的意义和特点

我国西北地区属中温带干旱、半干旱地区，海拔较高，气候干旱，是全国太阳辐射和日照时数最多的地区。该地区光照充足，连阴天少，昼夜温差大，非常适合设施葡萄栽培，且果品品质高，市场销售好，已成为我国设施葡萄栽培的重要产区。

一、解决周年均衡供应问题，丰富水果市场

随着我国人民生活水平不断提高，人们对水果的需求也发生了变化，不仅表现在数量上的增加，而且对质量提出了更高的要求。设施栽培条件下，可以人为地控制环境条件来满足葡萄生长发育的需要，使其按照人们的意愿提早或延迟成熟，达到一年四季生产鲜果的目的，实现一年四季“想吃就吃”，很好地解决了葡萄这一不耐储运果品的周年均衡供应问题，丰富了居民的果盘子。随

着“一带一路”倡议的推进，对外开放日益扩大，优质的葡萄果品还可走出国门，出现在国外人民的餐桌上。

二、提高果品产量和品质，增加经济收入

西北地区，露天葡萄栽培常常受早春冻害的影响，轻者减产，重者绝收。初夏的低温、秋季的早霜和有效积温的不足，常造成葡萄产量低而不稳。利用设施栽培，可以防止自然灾害，有效提高积温，使植株营养积累多，花芽分化早而完善，有利于开花、坐果和新梢生长，能取得连年丰产稳产；并能促进早果，实现当年栽植，次年结果，三年丰产的目标。一般来讲，设施葡萄栽培比露地增产普遍在50%以上，提早丰产1～2年。设施栽培还可以有效避开降雨、日灼、大风等不良天气的影响；适宜的温湿度促进了果实的充分成熟，增加了果实的着色；相对密闭的环境阻隔了鸟兽危害、病虫害发生及传播、空气污染和大气粉尘的沉降，大大提高了果品质量和商品价值，生产无公害绿色果品。西北地区设施栽培的葡萄色艳个大，可溶性固形物含量高，香味浓郁。

同时，设施葡萄栽培多是以淡季供应和提高品质为目标，因此，同露地栽培相比，其经济效益也高得多。根据国内设施葡萄栽培相关报道总结可知，设施栽培与露地栽培相比较，经济效益可提高2～15倍。

三、拓展了葡萄种植时空，实现资源高效利用

设施葡萄栽培延长了生育期，几乎可以满足所有葡萄品种的生长发育，使优良晚熟、极晚熟葡萄品种在西北地区成功引进栽培，扩大了经济栽培区域；充分利用了冬季光能这一西北地区优势资源，改冬闲为冬忙，挖掘了劳动潜力，创造了就业岗位。设施葡萄较露地葡萄节水50%以上，在水资源极度缺乏的西北地区意义重大，“多采光、少用水、不占地、高效益”的产业特点，使其发展前景非常广阔。

四、节能减排效果显著，推动绿色低碳发展

西北地区以加温节能日光温室为主体的设施葡萄，避免了加温所带来的能源消耗和CO_2过量排放问题，显著减少了环境污染。设施葡萄生产周期的延长，冬季光能的有效利用，增加了生产固碳量。越冬不埋土，控根域栽培减少耕作，

省工省力，可减少生产机械的碳排放。设施内肥料、农药等的精准使用，减少了有害物质的排放，减轻了环境污染。

五、带动农业产业发展，助力乡村振兴

设施葡萄产业根基在农村，需要建材、薄膜、肥料、农药、种苗、环境控制设备、小型农业机械和储运等产业的支撑，因此，它的发展势必会带动农业产业的发展。设施葡萄栽培的资金、技术、劳动力的高度密集性，可促进城乡融合发展，畅通城乡要素流动，推动乡村产业、人才、文化、生态振兴。设施葡萄的节本、优质、高效、绿色、安全综合配套技术，对于农村发展其他设施果树、设施园艺等具有启迪性和引导性，将引领现代农业高质量发展。在西北地区，设施葡萄又是观光农业的主要内容和形式，适宜于举办各类地方葡萄文化节会，传承弘扬农耕生态文化，助力乡村振兴。

第二章　葡萄的形态特征与生物学特性

葡萄是世界上古老的栽培果树之一，居各类果品产量的第二位。葡萄属于多年生攀缘植物，这是葡萄由生长在阳光充足的开阔地上的矮灌木，逐步向森林条件过渡而长期适应进化的结果。

第一节　葡萄的形态特征

一、根系

葡萄根系因起源和繁殖方式不同，可分为自生根系和实生根系两种。从葡萄枝蔓的下部发生并形成各级大小不等的侧根和须根，没有垂直的主根，称为自生根系。葡萄种子培育出来的植株有1条垂直的主根，上面又分生各级侧根、幼根，称为实生根系。葡萄的根是肉质性的，又是重要的储藏器官。栽培上分为骨干根、须根和吸收根几种，其常因架式不同分布也很不对称。根系在土壤中主要分布在20～80 cm的深度内，最深可达12 m左右。

二、芽

葡萄新梢叶腋内有两种不同类型的芽，即冬芽和夏芽。多年生枝蔓上还存在隐芽，又称不定芽。冬芽位于叶腋中央，肥大钝圆，外被鳞片。冬芽是由几个芽组成的复合体，把带有花原基的冬芽称为花芽或混合芽，其余均称为叶芽。

冬芽中心最大的、发育最好的芽称主芽，周围有3～8个大小不等的预备芽。夏芽是裸芽，位于叶腋上方。随着新梢的加长生长，夏芽不断分化，自然萌发成副梢，副梢上的夏芽又可萌发长成二次或三次副梢。隐芽是多年潜伏下来的呈隐蔽状态的芽，这种芽一旦遇到刺激，就能萌发抽枝，生产上常利用隐芽枝（又称萌蘖枝）培养主蔓和侧蔓，更新树体。

三、枝蔓

葡萄的枝也叫蔓。植株从地面长出的枝叫主干，主干上的分枝叫主蔓。如果植株没有主干，从地面长出几个枝，习惯上只称主蔓，属无主干类型。枝蔓细长，髓部大，组织疏松。枝蔓按生长年限又分为一年生、二年生和多年生枝蔓。栽培上应着重区分以下几种：

（一）主梢

葡萄的新梢泛指当年长出的带叶枝条，其中由冬芽长出的新梢称主梢。主梢细长，节间膨大，叶腋内着生叶片和芽，另一侧着生卷须或花序。把带有花序的新梢叫结果枝，无花序的新梢称发育枝。

（二）副梢

副梢由夏芽萌发而成，比主梢细弱，节间短。副梢摘心后可长出二次或三次副梢。大多数品种副梢不能产生花序，不能开花结果，但也有个别品种能形成花序。

（三）一年生枝

新梢成熟落叶后称一年生枝。成熟的一年生枝呈褐色，有棱带条纹，横截面扁圆或圆形，弯曲时表皮呈条状剥落，这些性状也是鉴别品种的主要依据。有花芽，能生长结果枝的一年生枝称结果母枝，是植株生长结果的主要基础。所以冬剪时一年生枝常有结果母枝、预备枝或更新枝之分。

此外，葡萄有徒长枝、萌蘖枝之别。前者多由潜伏芽长出，而后者指植株基部及根际处生长的枝条。这些枝条能更新衰老的枝蔓和树冠，但一般对结果不利。

四、叶

葡萄的叶有较长的叶柄和较大的叶片，在枝蔓上呈互生排列。葡萄的叶有5条主脉，叶片一般呈5裂状，与掌状相似，但也有3裂、7裂或全缘的，叶片边缘有锯齿。叶片大小因品种而异，一般长7～18 cm，宽6～16 cm，两面有各种类型的茸毛和致密的角质层，叶片的颜色多为绿色或深绿色。

五、花序和花

葡萄花序一般在结果枝的第3～8节上，由花序梗、花序轴、支梗、花梗和花蕾组成，形状有圆锥形、圆柱形、分枝形等。多数葡萄品种的花序轴有3～5级分轴。花序上的花朵数因品种和树势不同而异，一般有200～500朵，多的可达1000朵以上。

葡萄花有三种类型，即完全花（两性花）、雌性花和雄性花。雌蕊、雄蕊发育正常时，能自花授粉结实的称为两性花，由花梗、花托、花萼、花冠、雄蕊和雌蕊6部分组成。雌性花雄蕊退化，花丝很短，开花时向下弯曲，花粉不育。雄性花则是雄蕊发育正常，而雌蕊退化，没有花柱和柱头，不能结实。

六、卷须

葡萄卷须是与花序同一起源的器官，在新梢上着生的部位与花序相同。因品种不同，卷须有连续性的，即每个节都有卷须；也有间隔性的，即每两节着生卷须后要空一节。卷须多为2～3个叉型。卷须在野生自然界用于缠绕其他物体攀缘向上生长。在栽培条件下，为了节省营养和防止扰乱树形应及早疏除卷须，或用人工引绑，将其固定在架面上。

七、果穗、果粒和种子

果穗是花序发育而来的，果粒由子房膨大形成，种子是受精的胚珠发育而成。

葡萄的果穗由穗梗、穗节、穗轴、副穗和果粒等组成，果穗的形状，一般分为圆锥形、圆柱形和分枝形三大类。果粒由果梗、果带、果刷（维管束）、果皮、果肉和种子等组成。有核葡萄的果实中有1～4粒种子，由胚、胚乳、种皮

构成。果粒形状、大小、颜色、果粉多少、果皮薄厚、肉质软硬、汁液多少、含糖量多少、果皮与肉和肉与种子分离难易，以及风味（含糖、酸、芳香物质）等均随品种不同而差异很大。

第二节　葡萄的生物学特性

一、葡萄的生长结果习性

葡萄是深根性植物，有强大的吸收根系和输导系统，因此，葡萄比较耐旱。葡萄根系在一年内有两个生长高峰。西北地区，4月中旬根系开始活动，6月中下旬进入生长高峰期。进入7、8月份，由于土壤温度太高，根系生长缓慢或停止生长。从8月中旬开始，根系进入第二次生长高峰，可延续至11月份。

早春日平均气温稳定在10 ℃以上时，葡萄开始进入树液流动期，芽开始萌动萌发，抽出新梢。新梢生长最旺盛的时期在5月中旬至6月中旬。随着新梢的生长，在叶腋中形成夏芽和冬芽。夏芽当年就能萌发，形成副梢。冬芽一般当年不萌发，到第二年春季才萌发，但在某些特殊情况下，冬芽也能被迫在当年萌发。在良好的营养条件下，当年萌发的冬芽新梢也能结果。冬芽由一个主芽和几个副芽组成，主芽比副芽发达。所以，常常只有主芽萌发，副芽只是在主芽受伤害时才萌发。但有些品种，特别是欧美杂种，常常有1～2个副芽与主芽同时萌发的情况，而且副芽的新梢也能结果实。多年生枝上的隐芽在修剪等重刺激下，有时也能萌发，可利用其进行老蔓更新。

葡萄叶柄较长，有趋光性，可使每片叶子较好地接受阳光。因此，葡萄光合作用强，生长速度快。一片叶子从芽中抽出到成叶不再生长，一般需要15～30 d。

葡萄的花序是复总状花序或圆锥花序。它的卷须与花序是同源的，随着树体的营养不同可以相互转化。花序的形成与营养条件有密切关系。营养条件好，花序多，上面的花蕾多；营养条件差，花序发育不完全，花蕾少，有的还带卷须。葡萄的完全花能自花授粉，雌性花必须进行异花授粉。另外，还有一些品种，可以单性结实，即不通过授粉，子房就可膨大而长成果实。

葡萄果实的生长分3个时期：开花受精后，果实开始生长，盛花后3 d左右，是果实快速生长时期，叫作果实生长第一期。其后，果实生长缓慢，正是种子硬化时期，又称为硬核期，是果实生长第二期。然后果实又开始快速生长，直到完全成熟，是果实生长的第三期。果实生长一、二、三期的长短，因品种而异。一般早熟品种第二期短，晚熟品种第二期长。有核葡萄的种子有助长细胞增大的作用，无核品种果粒中没有种子。

葡萄花芽的分化是在开花期前后，主梢上靠近下部的冬芽先开始花芽分化。随着新梢的延长，新梢各节的冬芽一般是从下而上开始分化，但最基部的1～3节上冬芽开始分化稍迟。这与该处营养积累有关。冬芽内花原基突状体出现后，进一步形成各级分轴，至当年秋季冬芽开始休眠时，末级分轴顶端单个花的原基分化出花托原基。进入休眠后，花序形态上又有明显变化。一直到翌年春季展叶后，每个花蕾才开始依次分化出花萼、花冠、花蕊等。一般叶后1周形成萼片，2周形成花冠，出叶后2～3周雄蕊开始发育，再过1周花原始体出现，不久就形成雌蕊。早期花序原基分化，主要靠树体内上年储存的营养物质。葡萄花芽分化最早开始的是新梢基部的2～3芽，其次是4～5芽。花芽分化期与品种也有关。

二、葡萄生长发育对环境条件的要求

（一）温度

葡萄为喜温树种，其各个生长期对温度的要求不同，品种间稍有差异。

1.葡萄生长发育温度“三基点”现象

葡萄在生长期对温度的要求有明确的“三基点”现象，即开始生长的起点温度为10 ℃左右，最适生长温度为25～30 ℃，最高极限温度40 ℃。高于40 ℃会出现浆果日灼及叶片伤害等，甚至导致树体死亡；温度低于10 ℃停止生长，低于0 ℃某些器官就有受冻表现，栽培过程中应引起足够重视。表2-1是日本岛根县农试场对玫瑰露设施葡萄促早栽培生育障碍温度界限的调查结果。

表 2-1　玫瑰露葡萄生育障碍温度界限

生育期	高温界限		低温界限	
	高温 /℃	时间 /h	低温 /℃	时间 /h
催芽期	45	5	–5	16
萌芽期	40	5	–5～–3	1
展叶期	40～45	5	–3～–1	1
开花期	45	1～5	–1	0.5
果粒膨大期	40	1	–3～–1	1
果粒软化期	40	1～5	–3～–1	1
成熟期	40	5	–3～–1	1
落叶期	45	5	–5	16

2. 葡萄生长发育各阶段的最适温度与障碍温度

葡萄不同的发育阶段对温度的要求不同。国内外研究表明，葡萄生长发育各阶段的合理温度指标如表 2–2 所示。

表 2-2　葡萄生长发育合理温度指标

发育阶段	温度 /℃	
	白天	夜间
萌芽期	15～20	8～10
新梢生长期	20～25	≥10
花 期	25～28	16～18
浆果发育期	25～30	20
浆果着色成熟期	28～30	15～18

葡萄在合理温度范围内，生长最为适宜。超出这个范围，则对其生长发育造成一定影响。如果达到障碍温度的界限，则会对葡萄造成伤害。

（1）低温伤害

低温伤害指发生在严寒季节，即葡萄越冬休眠阶段绝对低温对葡萄的冻害。

休眠期葡萄各器官对低温的适应能力有较大的差别，其中葡萄根系最不抗寒。同一器官不同品种抗寒能力差异也较大（表2-3）。

表2-3　葡萄各器官抗寒能力

<table>
<tr><th colspan="2">葡萄器官</th><th>抗寒能力/℃</th></tr>
<tr><td colspan="2">休眠枝条</td><td>−18～−16</td></tr>
<tr><td colspan="2">休眠芽眼</td><td>−22～−20</td></tr>
<tr><td rowspan="5">根系</td><td>欧亚种</td><td>−4.5～−4</td></tr>
<tr><td>欧美杂交种</td><td>−7～−5</td></tr>
<tr><td>美洲杂交种SO4（中文名葡萄良砧，是以X河岸葡萄实生选拔育成）</td><td>−9～−8</td></tr>
<tr><td>美洲杂交种贝达</td><td>−12～−11</td></tr>
<tr><td>美洲杂交种河岸</td><td>−14～−12</td></tr>
</table>

为了提高葡萄根系的抗寒性，我国北方寒冷地区通常选用抗寒砧木嫁接栽培。目前我国培育或从国外引进的抗寒砧木资源，其抗寒顺序为：河岸>贝达>抗砧3号>SO4、5BB、5C等>抗砧5号。美洲河岸葡萄具有良好的抗寒性，同时又抗根瘤蚜等，可在我国北方寒冷地区开发利用。

当前，我国设施葡萄促早栽培是主流，早春地温通常较低，采用抗寒砧木后，可抵御早春低温，对实现促早生产有益。我国设施葡萄在寒冷地区栽培面积还较大，低温对设施葡萄生产时常存在威胁，低温伤害一旦发生，其危害非常大，有时甚至毁园绝产。设施葡萄秋冬季二次果生产及延迟栽培或延迟采收生产中，由于发展时间较短，需要注意低温伤害的发生。即使轻微的低温对葡萄叶片也会造成伤害，如当设施内温度长时间低于10 ℃时，叶片会变成黄色或其他颜色，逐渐失去生理机能，浆果延后发育将受到严重影响。

（2）高温伤害

葡萄高温伤害往往发生在炎热的夏秋季节，温室设施内高温加长期强光形成日灼，既危害浆果，也危害叶片，严重时危害新梢，可造成新梢折断，这种高温伤害易被栽培者认识。

早春，树体萌芽前后，设施葡萄促早栽培有时也会遇到高温伤害，尤其易在日光温室和多层膜大棚中发生。由于该阶段树体无叶片，蒸腾降温能力弱，多层膜覆盖下，树体周边温度有时瞬间上升到40 ℃，即使持续时间很短，若忽视通风管理，也会对树体造成高温伤害。轻者芽眼烧伤，萌芽不齐，重者枝条枯死。此时外界气温较低，栽培者对通风容易忽视，灾害会随时发生。高温伤害没有明显症状，栽培者往往只发现萌芽差或树体死亡，但不知其原因。早春高温伤害往往比夏季高温更为严重。

3.葡萄生长发育对有效积温的需求

将葡萄开始萌芽至浆果完全成熟这期间全部日有效积温相加，即为该品种所需要的有效积温。不同成熟期的葡萄品种对≥10 ℃有效积温数量要求不同。极早熟品种为2100～2500 ℃，早熟品种为2500～2900 ℃，中熟品种为2900～3300 ℃，晚熟品种为3300～3700 ℃。

有效积温对葡萄生长发育各阶段都有影响，当有效积温不足时，该阶段发育进程缓慢。如新梢生长期有效积温不足，则新梢发育缓慢，迟迟不开花；花期有效积温不足，则花期延长。有效积温对浆果的成熟和含糖量也有很大的影响，有效积温不足，则浆果成熟推迟，着色慢，含糖量低，酸度高，果皮厚，品质下降。

葡萄生长发育的每个阶段，都是在有效积温的作用下完成的，只有在各阶段有效积温得到充分满足的情况下，才能正常生长发育。日光温室及大棚多层膜促早栽培前期日照时间短、温度低，积温不足，葡萄生长发育相对迟缓，浆果成熟期不得不后延，即生育期延长。而一般大棚促早阶段日照时间长，积温充足，葡萄生长发育良好，成熟期提早，生育期缩短。

4.昼夜温差与葡萄着色成熟

足够的昼夜温差对葡萄着色和成熟有益。葡萄成熟期环境温度白天为28～32 ℃，夜间为15～20 ℃，形成10 ℃以上温差，浆果含糖量高，成熟转色快。葡萄品种不同，浆果着色对温差需求有差异，建园设计时应考虑不同品种的习性。

通过温室设施生产葡萄，产期得到有效调节，浆果成熟期应避开温差小的季节。如在东北地区，着色香葡萄通过日光温室栽培，浆果于4～6月上市，此时温差大，容易着色，所以推广较快。近年来发现，凡是避开7～9月着色上市的设施栽培模式，如日光温室促早栽培（浆果4～6月上市）、大棚多层膜促早栽培（浆果6月上市）、日光温室二次果生产（浆果12月上市），浆果着色都比较好；而普通单层膜促早栽培（浆果7～8月上市）及露地栽培（浆果8～9月上市），浆果着色都不理想。

5.低温与葡萄休眠

根据观测研究，气温在10～16 ℃是诱导葡萄进入休眠的最适温度，气温低于10 ℃时叶片黄化，开始落叶进入休眠期。葡萄休眠期需要较低的温度环境，以0～7.2 ℃较为适宜，一般用需冷量，即有效低温的累积量来表示。葡萄对低温环境的需求，以恒定的温度为宜，温度波动过大，对休眠不利。

（二）光照

葡萄是喜光植物，对光照要求较高，光量的强弱和多少会直接影响葡萄组织器官的分化和生长发育。光照充足时，植株生长健壮，浆果产量高、色泽好、品质优；光照不足时，新梢徒长、纤细、节间变长，植株细弱，叶色变浅，花序瘦小，花器官分化不良，落花落果，产量低，品质差，有机养分积累少，枝叶成熟度差，易受冻害，以致影响来年的生长和结果。

在同等光照条件下，不同起源的葡萄品种，花芽分化对光的敏感程度存在很大差异。欧美杂交种比欧亚种花芽分化好；同一种群如欧洲种玫瑰香、87-1、早霞玫瑰及维多利亚等比红地球、京玉及无核白鸡心等花芽分化好。

在浆果着色期，葡萄不同品种对光的需求也不同。有些品种如巨峰、京亚、夏黑、光辉、秋黑等散射光照射着色良好，称为散射光着色品种；而另一些品种如着色香、美人指、玫瑰香等必须直射光照射才能着色，称为直射光着色品种。生产管理中需区别对待，采取相应的管理措施，满足其着色需求。

葡萄离开阳光不能生长，但是如果光照过多，葡萄也会受到伤害。光照太强，葡萄容易被阳光灼伤而焦叶，果实易发生日灼病，或让原本柔滑的果皮变得粗糙，导致葡萄表面出现暗斑，影响果实品质。光线过强还会使葡萄果实进入休眠状态即“午睡现象”，并使设施内温度居高不下，难以调控。值得一提的是，在西北地区的夏秋季节，由于晴朗天气多，日照时数长，光辐射强；加之温室设施内空气流动小，散热性差，强光对设施葡萄造成的伤害经常发生。

（三）水分

水分作为一个重要的生理因子，对葡萄植株的生长和果实产量、品质都有很大的影响。一般葡萄浆果含水80%，叶片含水70%，枝蔓、根含水50%左右。葡萄生长初期，要大量合成有机物质，转化与积累养分，对水分要求高。若土壤水分充足，则发芽整齐，新梢生长速度快，果粒大；但是若土壤水分过多，则会使植株徒长、组织脆嫩、抗性差，还会引起土壤缺氧，根系吸收功能减弱，甚至使根系窒息而死亡；在干旱条件下则会出现生长势减弱，引起落花落果，影响浆果膨大，从而造成果实品质差和树体越冬困难。对于水分而言，田间最大持水量在60%～70%时适宜葡萄生长。但在开花时，土壤过湿会阻碍其正常受精，引起大量落花。浆果成熟期空气湿度过大，会引起葡萄病害滋生，引起裂果和烂果。久旱逢雨时，根系大量吸水，浆果迅速膨大，果皮因压力过大易发生裂果。我国露地葡萄产区降水的时空分布与葡萄生长需水节律不符，而设施葡萄栽培可完全不受这一因素限制。

另外，地下水位小于0.7 m的河湖岸边和湿地，根系生长将受抑制，严重时引起窒息而死亡。

（四）土壤

葡萄对土壤的适应性很广，除重盐碱地外，其他类型的土壤如沙土、沙壤土、壤土和轻黏土，甚至在含有沙砾的壤土或半风化的成土母质上都可以栽培。但因葡萄根系需要较好的土壤通气条件，最适宜的土壤是土质疏松、孔隙度适中、容重较小的沙壤土或轻壤土。这类土壤通气、排水及保水保肥性良好，有利于葡萄根系生长。沙性强、含有砾石和粗沙的土壤虽疏松透气性强，排水良好，杂草少，病虫害轻，昼夜温差大，有利于养分积累，有益于花芽形成，但土壤营养物质含量低，保肥保水力差，导热性高，葡萄常表现成熟早，含糖量高，但果粒较小。黏重的土壤对葡萄生长最为不利，因其透气性差，易积水造成根部窒息，促进嫌气微生物活动而毒害根系；干旱时又易板结，对葡萄根系、地上部生长和果实品质均为不利。

葡萄抗盐碱的能力比较强，除了重盐碱地外，一般认为氯化钠含量在0.13%以下时，葡萄生长正常；土壤总盐量0.4%，氯化物含量0.2%，是葡萄生长的临界浓度。葡萄对酸碱性的适应范围也比较广，在pH 5～8.2的范围内均可生长，以pH 6～7.2最为适宜，pH 8.5以上易发生黄化病。

土层的厚度对葡萄生长有直接影响。深厚的土层可以蓄积大量肥水，葡萄根系发达，吸收养分的体积就大。一般葡萄园的土层厚度为80～100 cm，最低不能少于60 cm。

土壤中的有机质和矿物质会影响葡萄风味质量。由葡萄栽培经验可知，气候条件决定一个区域能否种植葡萄或种植的方向，如鲜食、制干或酿酒等；而土壤条件决定果实的品质及加工产品的特异品质。欧洲品种在含石灰质丰富的土壤上生长良好，根系发达，浆果含糖量高，风味浓郁。

（五）风、霜冻和冰雹

微风有助于传播花粉，调节空气中二氧化碳的浓度和温湿度，有利于葡萄的生长发育，且可减少病虫蔓延。风还能够吹散葡萄园中下沉凝聚的冷空气，防止春秋霜冻的发生。在浆果成熟期，干风有利于浆果中糖分的积累。然而，狂风会把嫩梢吹断，摇落果穗，直到破坏支架。强烈的干热风会灼伤嫩梢、幼叶、花序花蕾，并影响授粉坐果。西北地区风大风多，为了避免风害，建园时应选择背风向阳地段，还要注意营造防护林带。

霜冻是指在生长季节里气温突然下降到0 ℃或0 ℃以下，而使处在生长状态的植株体内发生结冰而遭受伤害甚至枯死的一种气象灾害。霜冻是北方地区，特别是西北地区葡萄受害的主要气候因素。严重的晚霜能使已萌发的嫩梢、芽、幼叶和花序受害。受害程度轻时会导致萌发推迟，萌芽后叶芽发育不完全或畸形，影响生长结果。受害程度重的会造成不发芽，呈现出僵芽、干瘪状，造成大幅减产甚至绝收，还会影响到第二年的结果。早霜会缩短葡萄的生长期，使葡萄提早落叶而不能达到自然落叶期，新梢不能充分成熟以致遭受冻害。

冰雹是一种常见的灾害性天气现象，葡萄生长季节突发冰雹天气，会造成严重的树体和设施等伤害。对此，大规模建园应避开易遭雹灾的地区，大气对流剧烈地段，常发生雹灾的区域要考虑架设防雹网进行保护。

三、葡萄生长发育周期

（一）葡萄的生命周期

葡萄的自然寿命很长，在老葡萄产区，可经常见到百年以上树龄的植株仍

枝繁叶茂，果实累累。同大多数果树一样，葡萄生命周期可分为幼树期、结果初期、盛果期和衰老更新期。

1. 幼树期

葡萄从苗木栽植至开花结果阶段，称为幼树期。葡萄的这个时期很短，除去苗期仅1～2年，生长发育主要为幼树根系生长，扩大分布范围，促使地上部分枝条生长粗壮、充实，为培养健壮主蔓打好基础。

2. 结果初期

葡萄结果早，一般在栽后2～3年开始结果。从开始结果至枝蔓满架，产量由低达到稳定高产前，可称为结果初期。这段时期是整形的关键时期，在树形迅速扩大的同时，注意培养好健壮的结果枝组。

3. 盛果期

盛果期即稳产高产期。葡萄一般4～5年达到盛果期，在正常管理条件下，葡萄盛果期可维持20～30年以上。管理较好的可达50年甚至更长。管理不善时，树体易早衰，使盛果期大大缩短。盛果期要注意结果枝组的更新，保持年年有健壮的结果母枝。

4. 衰老更新期

植株上部的结果枝蔓，经过几十年反复更新，基部老蔓变粗，很容易劈裂，致使新梢变衰，植株进入衰老期。此期老蔓基部或附近根系会大量萌生根蘖，可利用根蘖培养新植株；也可将枝蔓向前弯曲压入土壤中，使其生根，形成新植株，继续进行生产。当树冠残缺不全、新梢生长衰弱、树体难以更新复壮时，则应砍伐刨除，重建新园。

（二）葡萄的年生长周期

葡萄在全年的生长中，可分为休眠期和生长期2个时期。

1. 休眠期

葡萄从深秋落叶后至翌年树液开始流动为止称为休眠期，休眠期分为2个阶段。第一阶段，随着秋季落叶，芽体随枝条的成熟，自上而下进入正常生理休眠，称为自然休眠期或生理休眠期。自然休眠需要一定的低温条件。一般在气温0～7 ℃时，经30～45 d，就可以满足生理休眠对低温的需求，当气温10 ℃以上就可以萌发生长。不同品种所需低温的时间长短不同。第二阶段，当生理休眠已经完成，但外界条件不适宜生长时，如尚处于冬季，温度达不到葡萄生长的最低要求时，还需继续休眠，这一阶段称为被迫休眠期。

2. 生长期

葡萄从春季树液开始流动至秋季落叶称为生长期，生长期的正常年发育周期可分为7个阶段：

（1）树液流动期

树液流动期，又名伤流期。西北地区一般于4月下旬，当葡萄根系分布土层的地温达7～10 ℃时，葡萄根系开始活动，从土壤中吸收水分与无机盐等，同时根部和多年生枝蔓中储藏的有机营养也变为液态，由根系经老蔓向上输导。由于枝蔓上的导管粗大，根压又大，树液上升速度很快，此时尚未萌芽展叶，地上部分如有机械伤口，便会引起树液外流，称为伤流。伤流液的主要成分为水分，还含有少量有机物和矿物质。在树体萌芽后，伤流则自动减轻，直至停止。虽然伤流对树体营养物质损失并不大，但还是应尽量减少发生。应严格注意修剪时期，尽量避免修剪和造成伤口等机械损伤。

（2）萌芽期

从萌芽至开始展叶称为萌芽期。西北地区一般从5月初气温回升，在日平均温度10 ℃以上时，葡萄芽眼开始膨大和生长。萌芽期较短，在冬季埋土防寒地区，一般解除覆盖物后7～10 d芽便开始萌动，种和品种间萌芽所需温度稍有差别。

（3）新梢生长期

从萌芽展叶至新梢停止生长称为生长期。萌芽初期生长缓慢，当日均温度升至20 ℃后，新梢生长迅速，每天生长量可达10～20 cm，即出现第一次生长高峰。到开花为止，新梢生长趋缓。枝条全年生长量的60%都是在这一时期完成的。这一时期枝蔓生长状况对当年的产量、质量和翌年花芽分化都起着决定性的作用。因此，必须保证这个时期植株有良好的生长条件。

（4）开花期

始花期至终花期称为开花期。开花期的早晚和时间长短，与当地气候条件和栽培品种有关。西北地区一般从6月初开始，大多数品种花期为7～10 d，同一植株上底部的花穗先开，穗基部的花比穗中上部的花先开。在一天中，花蕾从早上6时至下午6时开放，但多在上午8～11时开放。开花期正是新梢旺盛生

长期，结果和生长争夺营养，加上受精不完全、环境不良等，易造成落花落果。在花前2～3 d对结果枝摘心，控制营养，改善光照条件，对花穗进行整形，可明显地提高坐果率。

（5）浆果生长期

从子房开始膨大到浆果着色变软前称为浆果生长期。西北地区一般从6月上旬开始，该期较长，一般可延续60～100 d。该期包括葡萄的浆果生长、种子形成、新梢加粗、花芽分化、副梢生长等。浆果生长的同时，新梢加粗生长，节间芽眼进行花芽分化。浆果生长期的长短，取决于新梢生长期的长短，新梢停止生长越早，浆果生长就越快。当浆果长到接近品种固有的大小时趋于缓慢生长，此时新梢（含副梢）进入第二次生长高峰，对新梢要及时引缚并处理副梢，以改善架面光照条件。

（6）浆果成熟期

此期从果实变软开始至果实完全成熟，一般北方露地葡萄成熟期在7月上旬至10月下旬。浆果成熟期光照充足，高温干燥，昼夜温差大，有利于浆果着色和糖分积累。此期要注意疏掉影响光照的枝叶，促进果实迅速着色成熟和枝条充实。在生产中，根据产品用途不同，要求果实成熟的程度也不一样。这一时期叶片光合能力强，创造养分多，但由于浆果大量积累糖分，新梢停止生长而木质化，花芽继续分化，根部也储藏养分，因此对磷钾肥需求较多。

（7）枝蔓成熟和落叶期

果实采收后至叶片黄化脱落时为止。葡萄果实采收后，叶片的光合作用仍在正常进行，此时将制造的营养物质运往枝蔓和根部积累储藏。枝蔓开始变色成熟，花芽分化仍在进行。秋季随气温下降，叶片显示橙黄色或赭红色，然后产生离层脱落。西北地区一般于9月下旬落叶，整个树体生长期结束。

第三章　西北地区的气候特点与设施葡萄栽培类型

第一节　西北地区的气候特点

按照我国自然地理划分，西北地区属于干旱半干旱区，其地理范围大致位于我国大兴安岭以西，黄土高原和青藏高原以北地区。其主要包括内蒙古自治区的西部、新疆维吾尔自治区、宁夏回族自治区和甘肃省的西北部，也包括陕西省和山西省的少部分地区，多位于我国地势的第二级阶梯。西北地区的葡萄产区主要为新疆、宁夏、甘肃及内蒙古西部，地形为山前平川灌区和沙漠沿线，为典型的冷温带大陆性气候。

一、气候干旱，降水少

该区域深居内陆，海拔较高，距海遥远，再加上青藏高原、山地地形对湿润气流的阻挡，气候干旱是本区最主要的自然特征。除东部个别地区和一些高山地区年降水量超过400 mm以外，其余地区降水量均低于400 mm，大部分地区不足300 mm。著名的葡萄产区吐鲁番市年均降水量不足20 mm，敦煌不足40 mm，若羌11 mm，几乎终年无雨。同时，降水主要在7～9月份。该区域大气也很干旱，在早春的2～3月份，除湿地河流湖泊区段外，空气相对湿度常常小于10%，大多地区年蒸发量大于2000 mm。因此，这一区域属于灌溉农业区。在山前盆地水源充足的地方，农作物和各种瓜果产量高，品质优良，形成西北地

区特有的绿洲农业。

二、光能丰富，日照长

西北地区葡萄产区处于中纬度地区，在整个夏季太阳直射角大，而且日照时间长，天空云量稀少，致使太阳辐射总量高，年日照时数长。据我国气象部门测定：西北地区大多葡萄产区太阳能年辐射量为6000～8000 mj/m^2，年日照时数在3000 h左右，均属于全国最高区域。

三、热量不高，温差大

西北地区葡萄产区年均气温在7～15 ℃之间，≥10 ℃的活动积温除新疆南疆地区高于4000 ℃外，其他地区在2800～3700 ℃之间。最热月平均气温除新疆南疆地区高于28 ℃外，其他地区均在21～25 ℃之间。年无霜期为150～180 d。同时，西北地区干旱少雨，热容量小，白天升温快，夜间辐射散热快，昼夜温差大，平均日温差均在15 ℃以上。

四、大陆性气候，灾害多

西北地区的冬季，西伯利亚寒流经常光顾，冷空气过境会使温度陡然下降，造成灾害性气候，冬季强低温（气温<-27 ℃）天气周期性出现，基本达到了5年一“小冻”和10年一“大冻”。频繁的早晚霜冻，特别是春末夏初的晚霜冻给葡萄栽培带来了致命的危害。大风天气多而频发，≥8级的大风年均出现15次以上，沙尘暴和扬沙天气出现14次以上，这对设施结构的安全构成威胁。另外，每年7月份干热风也经常发生。西北地区广袤的沙漠、平坦的戈壁和沙滩的地理单元，又加剧了这类气候灾害的发生。

以上气候特点对于发展设施葡萄栽培有着得天独厚的优势。温室的极大节水性，破解了干旱地区水资源缺乏的矛盾；光能丰富，特别是冬春季节光照强，充分利用了阳光资源；凉爽的气候，便于葡萄完成休眠开展促早和延后栽培，调节果实成熟期；设施还有效防止了冻害、风害，杜绝了不利气候的影响；西北地区冬春的少雪天气，减轻了自然灾害的影响。当然，大风和沙尘暴也构成了温室安全生产隐患，属于不利气候因素。

同时，西北地区荒滩、荒地、荒漠等非耕地面积大，充分利用这些气候条

件发展设施葡萄（戈壁农业）不会威胁粮食安全；土壤以沙壤质、砂砾质为主，温差大，更有利于打造现代果品优势产业。

第二节　西北地区设施葡萄栽培的主要类型

西北地区设施葡萄栽培的主要类型有促早栽培、延后栽培、避害栽培和观光栽培四种。

一、促早栽培

促早栽培也称为促成栽培或提前栽培，是指利用温室、大棚等设施的增温保温效果，辅以温湿度控制，创造适宜葡萄生长发育的条件，解除或打破葡萄休眠，使其比露地栽培提早萌芽、开花、结果，提前浆果成熟期，实现早期淡季供应，提高栽培效益的一种葡萄栽培方式。这是目前国内设施栽培最主要的形式。根据扣棚与开始催芽时间的迟早和果实成熟采收的时期和茬次，可分为加温促早栽培、普通促早栽培、塑料大棚促早栽培等。

（一）加温促早栽培

在有加温设施的玻璃温室、阳光板温室或日光温室中，白天靠吸收太阳辐射热给温室加温，傍晚至夜间除了靠加盖保温被保温外，还需要通过室内暖气、鼓热风等方式进行辅助加温，采用早熟品种，在葡萄完成休眠后，于12月中旬开始升温，打破休眠，促进提前萌芽，5月上旬果实成熟采收，达到年度内最早的浆果供应。

（二）普通促早栽培

普通促早栽培是在普通薄膜日光温室或阳光板温室中，仅靠吸收太阳能来加热。因此，开始升温时间、果实成熟采收期均较人工加温促早栽培要晚一些。但是，由于其节能，生产成本较低，操作简便且易于物联网化管理，是目前促早栽培最主要的形式。

（三）塑料大棚促早栽培

这种栽培是在塑料薄膜大棚中进行，生产过程中棚内温度的升高是靠早春外界气温的回升以及吸收阳光辐射热来实现的。温度回升缓慢，且受外界气温变化影响大，夜间亦无加盖草帘等保温措施。此种促早栽培方式，因取材方便，建造容易，防霜防冻，提高品质，因此投资少，成本低。还有一种简易方法：对露地密植栽培的葡萄，在早春二月下旬扣棚升温，5月下旬撤膜后，按大田方式管理，亦能有效提前成熟。

二、延后栽培

延后栽培又叫抑制栽培，是以延后葡萄浆果成熟期为目的，在春季外面气温升高时，采用各种降温措施，使温室内葡萄萌芽、开花、结果明显晚于自然花期与果实采收期，实现葡萄果品的淡季供应，提高栽培效益的一种葡萄栽培方式，这是西北地区最具发展潜力的栽培类型。

通过延后栽培，将葡萄产期调控在元旦、春节期间上市，既能生产优质葡萄，又可通过活体保鲜省去储藏保鲜费用，延长货架期，可获得较高的市场“时间差价”。这种栽培模式适合于质优晚熟和不耐储运的品种。另外，对于极晚熟的品种在本地区露地不能正常成熟时，可采用设施延迟栽培，使其充分成熟。

延后栽培，其温度管理和品种要求同促早栽培刚好相反，要求春季维持低温，夏季降温遮阴，秋末开始保温，冬季采果后适当维持温度。如在春季白天需要覆盖保温材料，防止光照太强而使温度上升；晚上掀开保温材料，降低室内温度。品种选择须以晚熟和极晚熟品种为主。

三、避害栽培

避害栽培是在我国南方降雨量大的地区普遍推行避雨栽培的基础上，通过拓展栽培形式，开展避雨、抗寒、避风、防雹等的栽培。避害栽培可以减少病害浸染，提高坐果率，减轻裂果，改善果品品质，避免晚霜侵袭，扩大欧亚种葡萄的种植区域。

避害栽培的设施结构和样式形形色色，基本原理为撑伞遮雨、架网防雹、围护防霜、设墙避风等，是设施栽培中一种简单、实用的特殊栽培形式。

四、观光栽培

观光栽培是在城市近郊和旅游基地，以设施葡萄栽培为手段，以观光、采摘、现代农业体验、生态旅游等为目的的一种葡萄栽培方式。常常选用不同成熟期、不同风味、不同果实形状、不同色泽的品种，采用不同栽培模式，如篱架、棚架等，让消费者现场体验种植业的生产过程和收获的乐趣，给消费者亲手采摘新鲜葡萄、购买新鲜葡萄的体验，从而增加经营收入。

观光栽培可一个温室（一棚）多品种、架式别致、促早兼延后栽培、利用二次果常年生产等，要求栽培技术高，管理精细，但收益也较高。

五、盆景栽培

盆景栽培是将葡萄栽培在能盛装一定数量营养土的容器中，置放于各类温室中，根据人们的艺术构思，通过支架、修剪和绑缚控制，塑造出各种葡萄盆景进行销售。葡萄枝蔓柔韧，节间短小，树体小、矮、垂，盆景栽培造型容易，布置方便，美化效果好。盆景葡萄可以观其果，闻其味，赏其形，尝其味，情调高雅，别具一格，具有良好的美化效果。

葡萄盆景的培养只有在设施条件下，才能达到理想的效果，因此，在温室内开展葡萄盆景培养并销售，更为设施葡萄栽培提供了新的活力。由单纯获取果品向绿化、美化、盆景造型方向转变，多种多样的树姿、果形和鲜艳多彩的果色，显示了较高的观赏价值；盆景市场不菲的价格，促使了设施葡萄栽培的多样性。

第四章　设施类型与日光温室优化应用技术

第一节　设施的主要类型与建造结构

相比较设施瓜菜类植物，葡萄植株高大，需要较大的空间。因此，设施葡萄栽培多采用比较高大且结构牢固的塑料日光温室、塑料大棚、控温阳光板日光温室和玻璃温室等。但根据长期实践经验，西北地区设施葡萄栽培应用最广泛、最节能、最经济实用的为日光温室和塑料大棚。

一、日光温室

日光温室是以太阳光作为唯一热源的温室。因此，设计建造中首先应根据当地所在地理纬度，计算选择适宜的方位角（朝向）和坡面的采光角度，以及后屋面的高度与宽度，使阳光能够直射到后墙内侧和后屋面下方20 cm左右的吸热保温屋，以便白天最大限度地吸收和利用光能和热能，提高室内光照强度和温度。其次，北墙及东西两侧山墙的结构和质地要具有良好的隔热保温性能，以便夜间能保持温室内一定的温度水平。

西北地区日光温室的基本结构为：沿东西方向而建，方位为坐北朝南偏西5°左右，长度在60 m以上，最长可达300 m，跨度7～10 m，矢高3～5 m。建筑材料从早期的竹木、铁丝、土筑墙体，演变为目前无立柱式钢架砖混材料。保温设备从原来的人工拉放草帘子演变为现在的保温被机械卷帘。脊顶和南屋面基部配置通风口，南面风口设置防虫网。塑料棚膜、防虫网由压膜弹簧压入压膜槽内，膜上每隔3～4 m压一道压膜线，棚膜3～4年可更换，但由于旧膜阻光率大，为提高光能利用率，常常每2年更换一次新膜。保温采用专用的日光温室保温棉被，在温室的侧面或南面配置电动卷帘系统，每个卷帘机作业长度60 m左右。温室的东侧或西侧留门并设缓冲间兼储藏间，温室南面挖防寒沟，内填炉渣等隔热材料。温室内配置蓄水池，安装有水肥一体化机，以及必要的温度、湿度采集仪和供电控制装置等。

日光温室经过三十多年的演变，各地因地制宜，形成了诸多类型。覆盖材料有薄膜也有阳光板的，保温设备有外置的也有内置外置结合的，后墙和东西侧墙有沙土打筑，也有双层夹心砖墙，中间填充炉渣等材料的，近年来还有钢架结构内用草垛叠加而成的等。至于结构材料、样式规格、配套设施设备等更是五花八门，琳琅满目。目前的日光温室机械化程度高，结构更趋合理，材料经久耐用，控制手段先进，劳动强度有效降低，条件大大改善。

二、塑料大棚

塑料大棚是利用竹木、钢材等材料，搭建成拱形结构，上面覆盖塑料薄膜而成的简易保护地设施，分屋脊型和半拱圆型；有单拱的，也有多拱连接一起的。其最大特点是结构简单，棚架建造和棚膜装卸方便，而且有很好的采光性能和保温效果，通风管理方便，棚体较为高大，便于棚内操作，生产成本较低，经济效益较高。其缺点是没有保温设备，致使在寒冷天气条件下温室内气温低。

（一）塑料大棚的建造结构

设施大棚建造方向依地形而定，一般南北方向建设，跨度4～8 m，长度40～100 m，建造材料为适度规格的竹木、钢筋或钢管，建造骨架由立柱、拱柱或拉绳等组成。

1.立柱

立柱是承受塑料大棚重量的主要支柱。要求垂直深埋50 cm，立柱的多少和粗细直接决定大棚负载的大小，但也不能过粗或过密，以免影响棚内使用面积，一般2～3 m设立柱一个。

2.拉杆

拉杆纵向连接立柱之上，使立柱之间拉紧，并用于固定拱杆，使棚架结构稳定。

3.拱杆

拱杆是支撑棚膜的骨架，上端固定于拉杆上，下端插入地下。拱杆呈自然拱形，间距1～2 m，其之间可以加横丝进一步拉紧固定拱杆。

4.压膜

棚膜覆盖后，于两拱杆之间拉一根压膜线固定棚膜，棚膜两边固定在专用的地锚上或与地锚连接后埋于土壤内。

5.门窗

门窗设于大棚之两端，为操作人员提供出入口和通风口。

6.天沟

在连栋式大棚两栋之间连接处设天沟，一般用铁皮或水泥预制沟槽，便于排水。

从材料结构来看，由于竹木结构大棚多立杆，拱杆多且易变形，抗大风能力相对较差，不便于机械化作业，使用年限短（一般为3～4年），且需年年更换维修，以及杆粗遮阴面积大等缺点，已逐步被淘汰，取而代之的是无立柱、便于操作、结构牢固、抗风能力强、使用年限长（10年以上）的钢架结构大棚。

（二）钢架结构单栋大棚

钢架结构单栋大棚由适度规格的钢管或钢筋装配或焊接而成。一般跨度6～8 m，矢高3.0～3.5 m，肩高1.6～2.0 m，中间设置立柱少，空间大，作业方便，棚间距2～4 m。采光性能好，利于通风降温和棚顶排水。投资较大，设施强度高，可维修性好，配套安装卡槽、电动卷膜器等辅助设备，不用手工扒缝放风，操作简便，是目前发展的方向。其缺点是保温性能稍差，且棚内温度变幅大。

（三）钢架结构连栋大棚

将两栋以上的单栋大棚连接在一起称为连栋大棚。连栋大棚与单栋大棚相比，其跨度、矢高等与单栋大棚基本一致，优势为节省土地，设施内空间大，作业更方便。一般选择高强度塑料膜，可以4～5年更换一次。在大棚内可增加塑料膜覆盖层数，每层膜间距20～30 cm，内层膜上再覆盖保温被等材料，达到保温最佳效果，免除冬季下架防寒工序。保温被及内层膜根据需要随时卷放，定时除尘，设施通风管理基本自动或半自动化。同时保温被及内层膜在葡萄生长发育过程中，按需卷膜或装卸，减轻其对光的阻碍作用，提高光合作用效果。

三、装配式镀锌钢管大棚

装配式镀锌钢管大棚是指大棚的全部骨架是由工厂按定型设计生产出厂，运到现场安装而成。装配式镀锌钢管大棚骨架是由钢管压弯成型，拱杆、纵杆、卡膜槽、卡膜弹簧、侧部通风装置等，均通过各种镀锌冲压件组装而成。单拱是由两根弧形镀锌钢管或聚氯钢管在顶部通过内插管对接而成；双拱及多拱是通过连接卡连接，在顶部通过内插管对接而成，每1 m用1根拱杆。纵杆由镀锌管或聚氯钢管用拉杆插销连接，用十字夹板或压紧簧将拱形杆固定其上。大棚的2条纵向的卡膜槽，用钻尾钉固定在拱杆上，用卡膜弹簧固定薄膜。

近年来，国内采用标准化规格、专业化定型生产的镀锌薄壁钢管装配式大棚，跨度、高度、长度等规格型号齐全，样式形状各异，室内无立柱，所有部件均为统一标准件，安装拆卸方便、结构设计合理、坚固耐用，为目前工厂化生产采用的最普遍形式。

四、加温玻璃温室

加温玻璃温室在早期的设施葡萄栽培中使用，随着塑料棚膜的大量推广应用，由于加温玻璃温室投资大、成本高，在常规果品生产上已逐步被淘汰。但在科学研究中，在生态观光中，在高寒、大风、多雪地区的边防哨所、科学观察站点、交通电力野外养护单位和具有富裕地热、电厂余热等区域，可利用加温玻璃温室承载能力强、抗风抗雪、使用寿命长等特点，开展设施葡萄栽培，满足果品供应和生态观光，也不失为一种良好的选择。

早期的加温玻璃温室，基本为在钢架大棚和日光温室上面覆盖玻璃，内部采用热水、热风和电加热的单栋结构模式。目前的玻璃温室则为大型连栋智能温室，单体面积不小于1500 m²，各类操作采用智能控制系统。设计建造有专门的厂商，采用全钢架结构，单层钢化玻璃（PC—阳光板）作为覆盖材料，由型

材焊接成型后装配成整体。其主要由主体框架部分、顶部支撑系统、墙体部分、底部基础部分、供热系统和配套设施设备等组成。

五、塑料小拱棚

塑料小拱棚是塑料大棚的缩小形式，基本骨架由竹木片构成。塑料小拱棚具有投资少、见效快、风险低等优点，多在农村或小规模种植的葡萄生产户中采用。

塑料小拱棚常在露地栽培基础上进行搭设，适宜埋土防寒地区进行简易的促早栽培，减轻冬季冻害，预防晚霜危害，进行商品错峰供应。

六、避雨棚

避雨棚是介于塑料大棚栽培和露地栽培之间的一种类型，是设施栽培的特殊形式。避雨棚搭建在葡萄V形架或篱架的架面上，利用竹片或钢管形成拱面，覆盖薄膜即可。避雨棚可分为单栋式避雨棚和连栋式避雨棚。单栋式避雨棚具有设施简单、防病效果明显、投入产出率高等特点。搭建避雨棚能有效解决葡萄成熟期裂果病害的威胁，同时，还可有效防寒、防霜、防虫、防雹等。

第二节　日光温室结构优化与温度保障

日光温室是西北冷凉地区冬季及早春利用光照资源实现促早及延后栽培葡萄的最主要设施类型。西北部地区冬季干冷，特别是阴雪天气夜间气温较低，往往会导致葡萄生长发育迟缓，甚至会发生冻害。而温度是葡萄生长发育的最关键因子，发展日光温室葡萄生产，首先要解决冬季温室的温度问题。要维持日光温室各个时段的适宜温度，不是单一的措施就能解决的，需要从温室设计、建造、选材、调控及温室日常管理等多个方面加以优化保障。

一、温室构造与材料对温度的优化保障

日光温室的热环境主要取决于温室对太阳辐射的透射、拦截和存储能力，这与温室的朝向、透光面的形状与材料、墙体和后屋面的构造及材料、基础保

温、温室尺寸以及前屋面的夜间保温方式与材料等方面的合理设计相关。

（一）增加前屋面透光性

其主要是增加温室前屋面的透光能力和接受光照的时间。

1.温室朝向及方位角科学

温室朝向影响温室的采光性能，对温室的蓄热能力影响很大。因此，为了使温室获得更多的蓄热量，西北地区温室的朝向都采用坐北朝南。对于温室的具体方位角，国内相关研究认为：当选择南偏东时，利于“抢阳”，室内上午升温快；当选择南偏西时，则有利于温室利用下午的光照；正南方向为上述两种情况的折中。因此，温室方位角影响着温室早晚见光的时间。但是，对于西北葡萄产区，其基本位于北纬37°以北地区，早上的气温较低，揭被的时间较晚，而下午气温相对较高，可以适当延迟关闭保温被的时间，因此这些地区温室朝向宜选择南偏西，偏的角度一般为5°～8°，最大不超过10°。

2.前屋面形状和倾角合理

前屋面的形状和倾角决定着太阳光线入射角的大小，入射角越小，透射率越大。国内相关研究得出：长前坡、短后坡利于前屋面的采光和保温，主采光屋面采用圆弧拱形能有效地抵御寒冷。对于前屋面的倾角，根据塑料薄膜透光的特点，只要大于30°，便可满足温室采光和保温的要求。

3.覆盖材料适宜

除了室外太阳辐射条件的影响外，温室薄膜的材质和透光性，也是影响温室光热环境的重要因素。目前所采用的PE、PVC、EVA以及PO等塑料薄膜，因材质和薄膜厚度不同，其透光率虽有不同，但总体上可以保证在85%以上，均可用于设施葡萄覆盖。棚膜在使用过程中，其透光能力会逐渐减弱，特别要注意进行定期清扫和清洗。

另外，温室的光照环境分布性也对葡萄生长显得越来越重要。因此，散射光增强型的透光覆盖材料得到了产业高度认可，特别是在西北强太阳辐射地区，使用散射光增强型薄膜，减少了葡萄冠层上下的遮阴影响，增加了中下部的光量，提升了整体的光合特性，表现出了较好的增产提质效果 。

（二）大小规格适中

温室长度过长或过短都影响室内温度的调控。当温室的长度过短时，日出

和日落前，东西山墙遮阴的面积较大，不利于温室的增温，并且由于容积较小，会影响室内土壤和墙体对热量的吸收和释放。当长度过大时，室内温度调控比较困难，并且会影响温室结构的牢固性和保温被卷放机构的配置。温室的高度和跨度则直接影响前屋面的采光性、温室空间的大小和保温比。当温室的跨度和长度一定时，增加温室的高度，利于透光，后墙蓄热面增加，利于后墙蓄热和放热，且空间大，热容量也大，温室的热环境稳定性更好。当然，增加温室高度，会增加造价，增大保温被卷放能耗。所以在建造温室时，要因地制宜地选择合理的长度、跨度和高度。综合考虑上述因素，西北地区设施葡萄栽培温室建造优化方案的长度、跨度和高度分别选择为60～80 m、8～11 m、3.8～4.2 m。

（三）增加墙体蓄热和保温能力

在白天，墙体通过吸收照射到墙面的太阳辐射和部分室内空气的热量而蓄热升温；在夜间，当室内气温低于墙体温度时，墙体就会被动地释放热量对温室加温。墙体作为温室的主要蓄热体，提升其蓄热能力，可以显著地改善室内的夜间温度环境。同时，墙体的保温隔热作用，是温室热环境稳定的基础。目前提升墙体蓄热和保温能力的方法主要有以下几种。

1.墙体材料选择正确

墙体的作用主要包括蓄热和保温，同时大部分温室的墙体还兼做支撑屋架的承重构件。合理的墙体构造应该是内侧具有足够的蓄热能力，外侧具有足够的隔热能力，同时减少不必要的冷桥通道。在温室建造中，一般就地取材，内侧将砂石、卵石、空心砖块和沙质壤土作为蓄热层，外侧采用草垛、炉渣、苯板等作为隔热保温层。

2.适当增加墙体厚度

影响热量散失的因素，除了材料的导热性能之外，就是材料层的厚度。因此，在选择适当保温材料的基础上，再适当增加墙体厚度，可以增大墙体整体的热阻，减少通过墙体的热量损失，从而增加墙体及整个温室的保温和蓄热能力。如甘肃张掖市沙袋墙的平均厚度为2.6 m，酒泉市浆砌石墙体厚度则达到了3 m，武威市风沙土夯筑墙体厚度大于2.5 m。但是过厚的墙体会增加占地和温室建造成本，需要综合考虑。

3.设置防寒沟

在温室南面外，挖宽30～50 cm，深至冻土层的防寒沟，内填炉渣、聚苯泡沫板等隔热材料，防止冬季冻土层低温向温室内传导。

（四）合理的后屋面

对于后屋面的设计，主要是考虑不能导致遮阳和提升保温能力。因此，一般选择后屋面的仰角最好大于当地冬至太阳高度角7°～8°。如在新疆南疆地区后屋面的倾角为40°，北疆地区为45°，甘肃河西走廊为37°～40°。后屋面的保温也非常重要，应在保温材料的选择、必要的厚度、严密搭接等方面确保保温能力。

（五）适当降低温室地面

温室地面适当下沉，可有效提升温室的保温能力，特别在提高夜间温度方面效果显著。深一般以0.5 m左右为宜，过深则影响南面光照，并减少温室土层厚度。

二、温室土壤保温

在葡萄行间覆盖地膜，白天土壤吸收太阳的热量而升温，夜间地膜能够阻碍土壤与空气的对流换热，从而减少土壤的热损失；并且地膜能够阻碍土壤反射的长波辐射，从而减少土壤的辐射损失，增加土壤的蓄热量。地膜还能减少因土壤水分蒸发所引起的热量损失。日光温室内覆盖地膜，可将地温提升1～3 ℃。

三、注重前屋面保温

温室前屋面是主要的散热面，散失热量约占温室总热损失的75%以上。所以提升前屋面保温能力，可以有效地降低热量通过前屋面而损失。而保温被是前屋面保温的关键所在，提升前屋面保温能力的主要措施为科学合理地选择和使用保温被。

（一）选用较高质量的保温被

目前，日光温室所用保温被的种类繁多，但基本都是以针刺毡、喷胶棉、

珍珠棉等作为保温材料，两侧加防水或防老化面层的构造。在具体选用时，要按照国家和地方相关温室保温被的标准和规程等，尽可能选用合格的、质量标准高的保温被，特别对抗渗水性、吸水性、导热性、抗拉强度、絮用纤维质量以及被面层抗老化性能等方面严格要求，以确保质量。

（二）规范日常操作管理

1.精准揭放保温被

保温被开启和关闭的时间既影响温室的采光时间，同时也影响温室内的升温过程，过早或过晚的开启和关闭保温被，都不利于热量的收集。早上，如果揭被时间过早，由于室外气温较低，并且光照较弱，会造成室内气温下降过大；反之，则会使温室内接受光照的时间缩短，室内升温时间推迟。下午，如果关闭保温被的时间过早，会使室内接受光照的时间变短，降低了室内土壤和墙体等的蓄热量；反之，会加大温室的散热。而不同地区、不同季节、不同的天气条件揭放保温被的时间不同。因此，要按照早上开启保温被时，温度下降1～2 ℃后开始回升为宜，而关闭保温被后，温度回升 1～2 ℃后开始下降为宜的技术原则，精准确定本地区每天的保温被揭放时间。

2.及时关注天气状况

当发生雨雪天气时，要迅速盖好保温被，并及时进行除雪。大风天气时，要关注保温被不被掀起，接缝处不进风、鼓风等。

3.时刻检查揭放效果

揭开保温被时，要经常查看揭开是否到位，保温被卷是否水平分布在薄膜上。关闭保温被时，要注意保温被是否将前屋面全部密实覆盖，若出现缝隙要及时调整。在保温被完全放下后，要检查下部是否已经压实，以防止夜间被风掀起，影响保温效果。

此外，还应定期检查温室的围护结构，当墙体和前屋面等出现漏缝时，要及时修补，避免温室受冷风渗透的影响。

（三）及时维护、维修

及时进行保温被及卷帘机械设备的检查与维护，特别是当保温被损坏时，要及时修补或更换，防止其损坏棚膜现象的发生。

近年来，一些地方开展了采用多层透光覆盖方式提升温室保温性的试验，

虽然保温效果突出，夜间最低温度平均升高 2～3 ℃，但多层薄膜降低了透光性，在具体应用中需要进行综合考虑。另外，也有在严寒地区温室内开展了增设内保温幕系统的试验，在晚上伸展保温，但因温室内部空间所限难以推广。

四、通风口的管理

通风的目的：一是调节空气温度，避免中午前后温度过高；二是降低温室内空气湿度，防治病虫害；三是增加室内CO_2浓度，促进作物生长。但通风和保温是矛盾的，如果寒冷季节通风管理不当，很可能会导致低温问题。因此，何时开启通风口，开启多长时间，需要随时根据温室的环境状况进行动态调整，切忌一开了之，顾此失彼。随着科技水平的不断提高，以及环境感知、信息采集分析、控制等技术和设备的不断进步，日光温室通风管理的自动化已经逐步得到推广应用。

五、必要的辅助增温设备

西北地区冬季气温较低，若仅靠温室的保温和蓄热，在一些极端寒潮天气，仍无法保证葡萄越冬生产的要求。因此，配置一些主动增温措施也必不可少，可在极端寒潮天气下，作为应急增温的临时手段。主要的增温设备有电暖风机加热、燃烧增温、太阳能风能发电蓄放热系统、生物质能加温等。

第五章　适于设施栽培的主要优良品种

第一节　品种选择原则

设施葡萄栽培内部环境的最大特点是高温、高湿、直射光不足。这些不利因素首先靠人为措施加以调控，其次是选择适栽品种，即遵循适地适树的原则。

依据生产要求和设施环境条件特点，设施葡萄栽培从产品的角度来讲，应选择市场需求旺盛，发展前景看好的品种。一般葡萄种植户和消费者偏好丰产、大粒、耐储运、具有香味、高糖、不裂果的品种。促早栽培首选早熟、休眠期短、耐弱光能力的品种。延后栽培选择易管理、果实无核、大粒、发育期长、易着色、成熟后挂树保鲜时间长的品种。另外，对于批发销售所选择的品种应该单品种规模化，成熟期集中；采摘或零售，要注重品种的外观形状、色彩及品质，品种可以多样化、分批次。同时，还要考虑产地环境、设施条件和栽培技术水平。

从生物学特性来讲，还应考虑品种本身耐高温、高湿，抗病害能力强，生长势中等，不宜徒长，在散射光条件下能很好着色，多次结果性能好等。

第二节　适宜品种及特性

一、促早栽培适宜品种

西北地区日光温室葡萄促早栽培是在自然休眠后期提前进行升温，促进早萌芽、早开花、早成熟、早上市，可提早成熟60～90 d。适宜西北地区日光温室促早栽培的优良品种有黄金蜜、春光、阳光玫瑰、火焰无核、优无核、矢富罗沙、凤凰51、奥古斯、丝路红无核、瑞都香玉、瑞都红玉、夏黑、玉波二号等。

（一）黄金蜜

黄金蜜是从红地球为母本，香妃为父本的杂交后代中选出的欧亚种早熟鲜食葡萄新品种。其生长势中等，嫩梢半直立，梢间开张，绒毛无或极疏。新梢节间绿色，一年生枝条黄褐色。幼叶正面浅红褐色，背面主脉上直立绒毛无或极疏，主脉间匍匐绒毛无或极疏。成龄叶片小，平均叶面积274 cm^2，近五角形，五裂；锯齿形状为两侧直与两侧凸混合，平均长度1.8 cm，叶柄洼半开张，横截面波状，泡状凸起弱。两性花，果穗圆锥形，松紧度中等，果穗大，平均单穗重704 g，穗梗长度中等。果粒近圆形，粒大，平均单粒重9.5 g。果皮薄，黄绿色至金黄色，无涩味，果肉硬脆，有玫瑰香味，可溶性固形物含量19.0%，可滴定酸含量0.58%。不易裂果，耐储运，挂树期长。早果性强，果实生育期短，丰产性好。抗病性中等，适应性强，耐旱能力较强。对土壤条件要求不严，适宜在沙壤土栽培。其适合棚架和篱架等多种栽培架式种植，肥水需求量中等，常规管理。产量一般控制在每亩1500 kg左右，栽培中注意控制产量及灰霉病的防控。

（二）春光

春光是巨峰品种和早黑宝品种杂交获得的早熟新品种。其嫩梢梢尖半开张，绒毛着色深；幼叶红棕色，花青素着色中。叶片5裂。成熟枝条光滑，红褐色。萌芽至浆果成熟需100 d左右。果穗大，果粒大，平均粒重9.5 g。果实紫黑色

至蓝黑色，果粉、果皮均较厚，粒形饱满美观，并且整体着色十分均匀，具有很好的口感，具有草莓香味。果肉较脆，风味甜，品质佳，可溶性固形物含量达17.5%以上。结实力强，每结果枝平均1.32穗。抗霜霉病、炭疽病、白腐病能力较强。

（三）维多利亚

欧亚种，二倍体，1996年从罗马尼亚引入我国。早果穗大，圆锥形或圆柱形，平均穗重630 g，果粒着生中等紧密。果粒大，长椭圆形，粒形美观，无裂果，平均果粒重9.5 g，最大果粒重15 g。果皮黄绿色，果皮中等厚。果肉硬而脆，味甘甜爽口，品质佳，可溶性固形物含量16.0%，含酸量0.37%。果肉与种子易分离，每果种子以2粒居多。植株生长势中等，结果枝率56%，结实力强。每结果枝平均有花序1.5个，副梢结实力强。抗灰霉病能力强，抗霜霉病和白腐病能力中等。果实成熟后不易脱粒，较耐运输。萌芽至浆果成熟需110 d左右，活动积温约2200 ℃。在设施中生长势中等，成熟早，丰产，宜适当密植，对肥水条件要求较高，要严格控制产量。

（四）粉红亚都蜜

欧亚品种，树势强旺，具有抗病、丰产、优质、成熟早等优点。果穗圆锥形，果柄粗壮，果粒生长紧密，果穗大，平均穗重750 g，最大可达1000 g以上，平均单粒重8.5 g，最大可达12 g。果形长椭圆形，果色呈红色至深红色，上色整齐，果皮薄，果肉难分离。果汁多，果肉脆硬，用刀可切成薄片，含糖16%～18%。清香味，口感好，品质佳，丰产性强，不落果，不裂果，不落粒，较耐储运。植株生长势中等，芽眼萌发率高，果枝率高，每结果枝平均有花序1.3个，副梢结实力中等，丰产，抗病性强。萌芽至浆果成熟需105 d，活动积温2250 ℃。货架摆放40 d不脱粒，二次结果力强，其是欧亚种群中早熟、紫红色、易丰产的优良品种。

（五）晨香

晨香是以白玫瑰香和白罗莎杂交获得，比夏黑早熟15 d。平均粒重9 g，大粒可达12 g以上，椭圆形；含糖18%～21%；中等以上玫瑰香味，香型好；自然坐果适中，果粒均匀；不落粒，耐挂果，不回糖。晨香在6月下旬可成熟，是一种很难得的早熟品种，果实颜色黄绿色，果皮可和果肉一起食用，口感香甜。其产量很高，结果养护也很简单，是非常适宜种植的一种葡萄。

（六）藤稔

欧美杂交种，四倍体，俗称“乒乓球”葡萄。我国于1986年从日本引入。果穗圆锥形，平均穗重340 g。果粒着生中等紧密或较紧，平均粒重15 g，如每穗留25～30粒，则粒重可达17～18 g，最大粒重可达25 g以上。果皮中等厚，紫黑色，果粉极少，肉质较软，味甜汁多，有草莓香味，可溶性固形物含量15%～18%，品质中上等。植株生长势较强或强，结果枝占新梢总数的70%左右，较丰产。从萌芽到果实充分成熟需要120 d，浆果比巨峰早熟10 d左右，坐果率比巨峰好，落花落果比巨峰轻。其适应性强，耐湿，抗病力较强，耐运输。

（七）夏黑

欧美杂交种，日本用巨峰和无核白杂交育成的三倍体品种，是目前市场上最为常见的早熟无核品种之一。果穗圆锥形或有歧肩，无副穗。果穗大，平均穗重420 g左右，赤霉素处理后可以达到600 g以上，果穗大小整齐。果粒近圆形，着生紧密，自然粒重3.5 g左右，经赤霉素处理后可达7.5 g。果皮紫黑色，果实容易着色且上色一致，成熟期一致。果粉厚，果皮厚而脆。果肉硬脆，无肉囊，果汁紫红色，可溶性固形物含量20%，有较浓的草莓香味，无核，味道浓甜，口感极好。从萌芽到浆果成熟需要110 d。植株生长势强旺，芽眼萌发率85%，成枝率95%，每个结果枝平均着生1.5个花序。隐芽萌发枝结实力强，丰产性好。抗病性强，果实成熟后不裂果，不落粒。该品种适合设施葡萄促早栽培，是极早熟、丰产、抗病力强、耐储运的优良鲜食无核品种。

（八）无核白鸡心

无核白鸡心又名森田尼无核、世纪无核，欧亚种，1983年从美国加州引入。自然果穗圆锥形，平均穗重800 g，最大穗重1500 g，果粒着生紧密，长卵圆形，平均粒重5.2 g，最大粒重7 g，用赤霉素处理后达8～10 g。果皮黄绿色，皮薄，果肉厚而硬脆，韧性好，浓甜，果皮不易分离，食用不需吐皮。可溶性固形物含量19.0%，含酸0.83%，微有玫瑰香味，品质极佳。果粒着生牢固，不落粒，不裂果，耐运输。树势强，枝条粗壮，结果枝率74%。每个结果枝着生

2个果穗，双穗率30%以上。果穗多着生在5～7节。较丰产，果实成熟一致，副梢有二次结果能力，较抗霜霉病、灰霉病，但易感染黑痘病和白腐病，无核白鸡心是适合设施葡萄栽培的早熟、大粒、无核优良鲜食品种。

（九）火焰无核

火焰无核又名弗蕾无核、火红无核、红珍珠，欧亚种，美国加州采用多亲本杂交育成。果穗中等大，长圆锥形，果穗长23 cm、宽17 cm，平均穗重600 g，果实着生中等紧密。果粒中小，圆形，果皮鲜红或紫红色，平均粒重4 g，赤霉素处理可增大至6 g左右。果皮薄，果粉中，果肉硬脆，果汁中等多、味甜。其含糖量18%，含酸量0.45%，无种子。植株生长势强，芽眼萌发率高。每结果枝平均有花序1.6个，多着生于结果母枝的3～7节，副梢结实力中等，产量较高。隐芽萌发的新梢和副梢结实力较强，果实成熟期一致，丰产，适应性较强。果实成熟早，抗病性、抗寒性较强。从萌芽到成熟100 d左右，在温室中易形成花芽，早期丰产性强。这是设施栽培品种中最有前途的无核品种。

（十）无核奥迪亚

欧亚种，原罗马尼亚用瑞必尔与波尔莱特杂交选育的无核鲜食品种，1996年引入我国河北昌黎。果穗圆锥形，平均穗重350 g，最大可达420 g。果粒着生紧密，椭圆形，平均果粒重4.5 g，最大粒重5.2 g。果皮紫黑至蓝黑，有灰白色果粉，成熟较为一致。经赤霉素处理后单粒重可达11 g。可溶性固形物含量19%。果肉细脆，果皮薄，不落粒。植株生长旺盛，新梢粗壮，萌芽率75%～80%，结果枝占总芽数70%左右，每果枝平均1.4～1.5个花序，丰产性强。枝条成熟度好。其抗旱、抗寒、丰产，是目前早熟无核品种中抗寒性较强的品种。

（十一）优无核

优无核由美国加州用绯红和未命名的无核品种杂交育成。其新梢绿色，梢尖红色，卷须带红色。幼叶黄绿色，有光泽。成龄叶中大，叶缘锯齿钝，叶片表面和叶背均无绒毛，叶片浓绿，叶质厚而韧，叶5裂，裂刻中深，叶柄中长，叶柄洼拱形。两性花。果穗大，平均重800 g，最大果穗重2000 g，圆锥形。果粒为宽卵圆形，果粒中大，平均粒重5～7 g，通过赤霉素处理后可达9 g以上。果皮薄，果肉脆细而致密，汁多，略有玫瑰香味，酸甜适口，品质佳，成熟期果皮微黄色，成熟后期为金黄色。含糖量达17%，无核，果粒着生牢固，耐储运。树势中等，喜肥水，适应性强，萌芽率、成枝率中等，结果枝率53%，每结果枝平均着生1.2个花序，结果早。从萌芽到成熟110 d左右，抗霜霉病、黑痘病、炭疽病。

二、延后栽培适宜品种

西北地区日光温室延后栽培是利用北方充足的阳光资源和冷凉气候，在葡萄自然休眠后通过春季降温，延迟发芽，秋冬季保温，延长生长期，将葡萄产期调控在12～1月下旬，鲜果一般不用储藏保鲜，元旦春节直接采收上市。

适宜北方设施延后栽培的主要晚熟品种有红地球、克瑞森无核、阳光玫瑰、紫甜无核、中国红玫瑰、玫瑰香、蓝宝石等。

（一）红地球

红地球又名红提，原产美国，具有喜光、喜温、喜肥沃沙壤土，生长期长，对热量需求高，根系发达，枝蔓生长快，生长量大，结果早，易丰产的特点。结果枝率68.3%，基芽结实率较高。自然果穗长圆锥形，平均穗重880 g，最大可达2500 g。果粒圆球形或卵圆形，平均粒重13 g，最大可达22 g，果粒大小均匀。果肉硬脆，味甜适口，可溶性固形物18%以上，外观美丽，品质佳。从萌芽到果实成熟210 d左右，晚熟品种。果粒成熟后不落不裂，耐储运。在武威市凉州区沿山冷凉灌区和天祝高海拔区温室栽培比绿洲灌区露地栽培成熟时间延后70～140 d。红地球2007年被审定为甘肃省林木良种。

（二）克瑞森无核

欧亚种，原产美国，由皇帝和C33-199杂交培育而成。果粒整齐紧凑，颜色鲜红透亮，味甜，果皮脆，非常耐储耐运，既可鲜食又可制干，商品性很好，成熟后在植株上可以继续保留1～2个月。抗逆性极强，对霜霉病、白粉病等有较强的抗性。同时，它又适合观光采摘，具有良好的市场前景和发展潜力。

（三）阳光玫瑰

阳光玫瑰原产日本，属于近年来比较火热的温室栽培品种之一。果穗圆锥形，有副穗，平均穗重600～800 g，最大可达1800 g，单粒重8～12 g，椭圆形，

成熟时黄绿色，果粉较少，果皮较薄，鲜脆多汁，可溶性固形物含量20%～26%，玫瑰香味浓郁，口感极好。不裂果，不脱粒，挂果时间长达一个多月，耐储性好，可促早亦可延后栽培。其特抗霜霉病和炭疽病，对灰霉病抗性中等。幼果期较易发生日灼病和果锈，及早进行套袋处理。长势旺盛，树势强壮，喜肥水，定植当年可成形，结果枝率高达80%～90%，结果枝平均有花序1～2个，花序着生在第4～5节上，坐果率较高。

（四）紫甜无核（A17）

欧亚种无核品系，父母本分别为牛奶和皇家秋天，是由河北昌黎农民李绍兴培育而成的中晚熟品种。生长势较强，早果性好，丰产，抗病性和适应性强。平均穗重500 g，最大穗重可达1500 g，果粒长椭圆至圆柱形，平均单粒重9 g，整齐度高，外观美；果实无核率近100%；完熟为蓝黑色。果肉质硬脆，肉质细，可切片，紫黑至蓝黑色，含糖量21%～26.5%。早果丰产性强，不易落粒，挂树时间长，不易裂果，抗病性好，耐储性强。基于父母本的原因，其花芽分化一般。

（五）中国红玫瑰

欧亚品种，无核，外皮鲜红色，一般粒重10～11 g，可溶性固形物含量18%～19%，果穗较大，具有玫瑰香味，果粉较多，不脱粒。其适应性强，易种植。生长旺盛，开花结果能力强，丰产。抗病性强，对葡萄霜霉病、炭疽病、白腐病、灰霉病都有很好的抗性。果实成熟后可以在树上挂2个月左右，基本不会发生落粒现象，果肉较为坚硬，储运性良好。

（六）玫瑰香

欧亚种，二倍体。玫瑰香属英国传统品种，在我国栽培历史悠久。果穗圆锥形，穗重300～500 g，果粒椭圆形，重5～6 g，紫黑色，果粉厚，果肉质地适中，有浓郁的玫瑰香味，可溶性固形物含量15%～19%，品质极上。树势中庸，丰产，抗病性中等。生育期155 d左右。目前，该品种在北方大棚栽培较多。

（七）甜蜜蓝宝石

甜蜜蓝宝石果实外观非常漂亮，形似串串泪珠，因此被叫作月光之泪，属

欧亚种。其为中熟品种，露地8～9月成熟，成熟后不落粒、不烂尖，挂树1个月以上，耐储运。易形成1000 g以上的大穗，自然无籽，果粒不用激素膨大也能达到10 g左右。果粒长圆柱形，状如小手指，长5 cm左右。果色蓝黑，着色快速而均匀。可溶性固形物含量20%以上，干燥少雨地区糖度更高，容易晒成蓝黑色大型葡萄干。采用小龙干技术，产量倍增。其缺点是枝叶易徒长，藤茎不易木质化，易受冻害困扰。叶片的抗病性较差，容易产生霜霉病，果实日灼现象严重，需要套袋处理。

（八）青提

美国品种，幼嫩新梢上部有紫红色条纹，中下部为绿色，一年生枝浅褐色。梢尖3片幼叶，微红色，叶背有稀疏绒毛，成龄叶五裂，上裂刻深，下裂刻浅，叶正背两面均无绒毛，叶片较薄，叶缘锯齿较钝，叶柄红色（或淡红色）。幼树生长旺盛，易贪青生长，枝条成熟较迟，结果后趋于一般，枝条节间短，芽眼突出，饱满，结果率为70%左右，结果系数1.3，有二次结果习性，从萌芽到果实完全成熟135 d。果穗大，长圆锥形，平均穗重650 g，最大穗重可达2500 g。果粒圆形或卵圆形，黄绿色，平均粒重11～14 g，最大可达23 g，果粒着生松紧适度，整齐均匀。果皮中厚，果肉硬脆，能削成薄片，味甜可口，风味纯正，可溶性固形物含量大于16.5%，刀切无汁，品质极上。果柄长，与果实结合紧密，不易裂口；果刷粗大，着生极牢固，耐拉力极强，不脱粒；果实可远途运输和长期储藏，可储藏到翌年3月份。

第六章 苗木繁育与质量控制

葡萄苗木繁育既为建园提供材料，又可以让设施葡萄经营者充分利用温室设施，选用表现优良的葡萄植株，开展良种苗木繁育推广，发展种苗产业，有效增加经济收入。

葡萄苗木主要以无性繁育为主，其繁殖的苗木又有自根苗和嫁接苗之分。自根苗是利用插条经扦插、压条和通过组培获得的苗木；嫁接苗是将生产上优良品种的葡萄枝蔓作为接穗，嫁接到具有一定特性的砧木上培育而成的非自根性苗木。无性繁殖的后代能够保持原有品种，甚至原有植株的优良性状，个体间生长发育基本一致。所以，葡萄生产上所用的苗木几乎全是无性繁殖的。有性繁殖主要用于杂交育种，其苗木称为实生苗。

自根苗容易繁殖，一直是主要的繁殖方式，苗木成本低、产量高、果实品质好，但抗病、抗虫、抗盐碱能力以及前期生长势均较弱。嫁接苗前期生长势旺，抗性强，寿命长，可以解决生产中出现的某一问题，但也会带来一些不良的后果。比如用贝达嫁接的葡萄就会出现品质变差，果粒变小的现象；用巨峰和藤稔葡萄作砧木可以缓解欧亚种生长势弱的问题，但由于它们本身易裂果，所以也会引起嫁接品种较容易裂果。生长速度方面要看用什么砧木，巨峰作砧木比SO4要生长得快，因为SO4大多表现为小脚，而巨峰多为大脚。生产中究竟选择嫁接苗还是自根苗，要看当地的自然条件，采用砧木品种需要改善和克服哪方面的品种缺陷。比如抗低温、抗根瘤蚜及其他特殊病虫害等。

第一节 扦插育苗

扦插育苗是葡萄无性繁殖最主要的方法，其优点是保留母株的遗传性状，繁殖系数高，成本低，能保持原品种的优良特性。

葡萄扦插育苗有硬枝扦插和绿枝扦插两种方法，生产上主要采用硬枝扦插繁殖。绿枝扦插在某些稀有品种迅速扩大繁殖规模时采用。

一、硬枝扦插育苗

硬枝扦插繁殖是利用成熟的一年生枝，剪成2～3芽的短插穗，使其生根成苗。这种方法简便易行，苗木质量好。扦插育苗的主要技术环节有插条的采集储藏、剪截催根、扦插管理等。

（一）插条的采集储藏

1.插条采集

葡萄插条采集结合冬季修剪进行，应在已经结果且表现品种特征纯正优良的葡萄植株（母树）上进行采集，不应在一些种性退化、表现不良、病虫危害严重和尚未结果的葡萄幼树上采集插条。采集时选枝条发育充实、成熟好、节间短、色泽正常、芽眼饱满、无病虫危害的一年生枝蔓作为插条。粗度以直径0.6～1.2 cm为宜。剪下的插条，尽量避免田间暴晒，剪去不成熟的梢端，将其剪成7～8节长、50 cm左右的长度，按50～100根一捆，挂上品种标签。

2.运输

葡萄插条长距离运输时，必须注意包装。常用的方法是按捆包一层塑料薄膜后再装入麻袋封口。短途运输可直接用湿麻袋或塑料薄膜包装。插条运至目的地后，立即取出进行储藏。

3.储藏

葡萄插条应在-1～4 ℃的较低温度和适宜的湿度下储藏，一般有沟藏和窖藏两种方法。其中沟藏简便易行，储藏量大；沟藏应选地势高、干燥、排水良好的背阴通风处，挖宽1.2 m、深1.0 m的储藏沟，沟长按插条量而定。然后从

沟一端开始，沟底填入河沙，将条捆倾斜码入，摆平一层，覆一层沙子，使沙子充满枝条空隙。沙子要求用纯净河沙，含水量15%左右，以用手能捏成团，指缝不流水为宜。摆放插条以2～3层为宜，过多时不便于检查管理，也易造成发热霉烂。为避免储藏前期温度过高，插条以上初次覆土以15 cm厚为宜，以后随气温降低，逐渐增加厚度，直至最后覆土40 cm左右。第二年开春后，随着气温的逐渐回升，可在储藏沟上遮阴，使沟内温度不致过高，防止插条受热发芽和发霉。

如果采用窖藏，可根据窖内空间将插条平放一层，覆一层沙，最后插条顶端覆沙20～30 cm，再在沙表面盖塑料薄膜，防止沙子干燥，发现沙子过干时，适当喷洒补充水分。窖藏时窖内温度控制在1 ℃左右为宜，不可高于5 ℃。

（二）插穗的剪截催根

1.插穗的剪截

一般插条的催根处理是在扦插前15～25 d进行。剪截插穗前先要检查储藏插条的状况，用于扦插的枝条要求冬芽鲜绿，好芽率不得低于95%。枝条新剪口的横断面为鲜绿色，含水量充足，枝条表面不应有斑点、霉污点或损伤。

插穗剪截时，一定要选择饱满的顶芽，距节以上2 cm左右平剪，下端紧贴节部剪成斜茬，插穗剪截长度20～25 cm（2～3芽）。剪好的插条每30～50根捆成一捆，然后将下端或全部浸入清水中浸泡8～12 h，使插条吸足水分。

2.催根

葡萄插条生根温度最低要求18 ℃，25～28 ℃时产生愈伤组织和生根最快，而在10 ℃时芽眼即可萌发生长。春天气温上升快，葡萄抽穗易发芽，但地温上升慢，葡萄生根慢。如果不经催根直接扦插，可能会导致插条先发芽后生根，甚至发芽后还不生根，致使上下水分、营养衔接不上，造成发芽后死亡。因此，葡萄在扦插前必须进行催根处理。催根处理等于延长了生长期，葡萄插穗成活率及苗木质量都有大幅提高。

常用插条催根方法有电热温床、冷床、药物浸蘸催根等，最常用、效果最好的为电热温床催根。

（1）电热温床催根

将电热加温线埋入温床内作热源，提高插条下端发根部位的温度，同时利

用早春气温低的特点，降低插条上部芽的温度，使插条处在“头冷脚热”的条件下，先生根后发芽或根芽同步生长，有效提高育苗成活率。

电热温床选在阴凉室内或背风遮阴的室外，按照布线密度，将电热线通过木板小钉拉伸平铺在床面，在电热线上铺5 cm左右的湿沙或锯末，将浸泡后成捆插条从温床一端开始，下部朝下，紧密地排码在湿沙上。插条之间的缝隙用干燥的沙子填满，仅露出插条最上端的芽，其余部分全部埋入沙中，然后喷水渗透沙子，并在温床中央、边缘各插一支温度计，深度与插条下端相齐。接通电源加热催根，随时观察和监控温度和湿度，通过自动控温仪，保持插条下端的温度恒定在25～28 ℃之间。沙子干燥时，及时洒水补充。经过12 d左右，插条下部伤口开始出现愈伤组织，20 d左右伤口周围长满愈伤组织，并分化出少量不定根，上部芽开始萌动。当少数不定根突破表皮时，标志着催根处理完成，即可适当降温锻炼2～3 d后扦插并直接定植在温室中。

（2）冷床催根

扦插时前20～25 d，在背风向阳处建阳畦。阳畦宽1.2 m，深0.5 m，长度按插条的数量而定。阳畦底部铺厚约10 cm的湿沙，将浸泡过的插条捆倒置在湿沙中，空隙填满湿沙，上面再覆5～8 cm的湿沙后喷水，然后覆盖黑色或白色塑料膜，再搭建塑料小拱棚。床内置温度计定时观察，温度超过30 ℃时放风或洒水降温。20 d左右，插条的下端即可产生愈伤组织，并开始分化出不定根后即可扦插。

（3）药物催根

如果从时间上来不及按上述方法进行催根，或针对某些不易生根品种可采用药物催根。

常用的药剂与处理方法有吲哚丁酸50～100 mg/kg浸12 h或400～500 mg/kg快速浸蘸，萘乙酸100 mg/kg浸24 h或300～450 mg/kg快速浸蘸，吲哚乙酸40～50 mg/kg浸泡12 h～24 h等。浸蘸时将剪好的插条30～50根扎成一捆，下端平齐，浸蘸基部1～2 cm。处理时注意绝对不能使顶芽着药，浸蘸后随即进行扦插。

生产实践中，最好的催根措施是采用药物催根后，再行电热温床催根和冷床催根。毋庸置疑，这种方法效果最佳。另外，因为不同催根方法所需时间不同，温度的高低或恒定与否影响催根时间，所以必须掌握催根程度，以不定根

原始体突破愈伤组织表层0.5 cm左右为最佳扦插时间。催根过长不仅在操作中易损伤新根，而且消耗插条营养过多，从而影响成活率。催根结束后，要逐步降温，使插条有一个逐渐适应外界环境条件的过程。

（三）扦插

葡萄育苗之前，先要选择好苗圃地。苗圃地应地势平坦，背风向阳，以土壤疏松肥沃的沙壤土或壤土为宜。可根据地形面积、品种等具体情况划分小区，各小区有灌水沟和人行作业道。

育苗地在头年秋季深耕20～30 cm，结合翻地施足有机肥和过磷酸钙，灌足冬水，促进肥料分解。早春土壤解冻后，耙地平整做畦。一般葡萄采用平床扦插，床面选用幅宽1.2～1.4 m的地膜覆盖，膜间间隔20 cm。覆膜后经过日晒增温，土壤20 cm深处温度达到10 ℃左右，插穗催根完成后开始扦插。每膜扦插4～5行，株距15～20 cm。用木棍或钢钎在地膜插洞，随即插入葡萄插条，深度以插条顶芽刚好漏出地膜为宜，并用干燥的细沙或壤土填满插洞。扦插过程要注意保护幼根和愈伤组织，催根处理后的插条要随插随取，避免阳光照射时间过长。扦插完毕后随即浇水，浇水以刚好淹过膜面为好，便于插穗和土壤充分接触。

（四）扦插苗的管理

扦插后随即灌水，以后间隔一周左右再浅灌水1次，要尽可能延迟第三次水的浇灌，以便提高地温，促进插穗生根。以后的灌水要“看天看地看苗”而定，适时灌水，保持土壤经常湿润即可。8月中旬以后要控制灌水，使植株及早停止生长，促进枝条成熟。

葡萄萌芽后，要及时放出膜下的萌芽和叶片，避免烫伤嫩梢，并用沙或土封住地膜插口，及时清除膜边、缝隙破膜而出的杂草，确保苗木的正常生长。

在5月中旬至6月份，幼苗进入迅速生长期，结合灌水，每亩追施尿素或磷二铵10～15 kg，进入生长后期，从8月下旬开始，每隔10 d叶面喷施磷钾肥2～3次，并混合硫酸锌、硫酸硼等微量元素一块喷施，促进苗木枝芽健壮和成熟。

扦插苗的生长到15～20 cm，达到半木质化状态时，需要定梢，每株保留一个健壮新梢，并及时摘除副梢。在7月上中旬后，在苗高40～50 cm处摘心，促进枝条粗壮、芽体饱满和成熟。

二、绿枝扦插

绿枝扦插也叫嫩枝扦插，是在葡萄生长期利用半木质化的当年新梢进行扦插育苗的一种方法，主要用于稀缺新品种的加速繁殖。其优点是繁殖材料多，副梢也可利用。一年生长季节均可以进行扩繁，但以6月中旬至7月上旬为最佳时期。

（一）扦插前的准备工作

西北地区大气干旱，绿枝扦插必须在温室和大棚中进行。有条件的，在设施中安装自动控制的间隔喷雾装置效果更佳。扦插前深翻土壤20～30 cm，结合深翻施入腐熟有机肥，整成宽1.2 m的小畦，覆干净河沙10 cm左右，用0.3%左右的高锰酸钾溶液对床面喷洒消毒。

（二）绿枝的采集和扦插

要求采集的绿枝是较为粗壮、木质化程度较高的主梢或副梢，最好在采集前4～5 d摘心以促进木质化和芽的分化。绿枝采后及时插入装有清水的水桶中浸泡，然后将绿枝剪成单芽或双芽，长12 cm左右，上端距芽1.5～2 cm，叶片保留1/3左右面积后剪去。将剪好的插条进行药物处理，常用1000 mg/kg的ABT1号生根粉或吲哚丁酸300～400 mg/kg溶液速蘸后，插入湿沙中，深6～8 cm，株行距5×10 cm。为了减少绿枝水分的蒸发，扦插时间最好选在阴天或早晚进行。

（三）嫩枝扦插苗的管理

嫩枝扦插后的管理重点是湿度和光照的调控。扦插后随即灌水1次，保证基质水分达到饱和状态，以后以喷水为主。装有自动控制装置的，每小时喷水1～2次；无喷水装置的用喷雾器在上午10时至下午5时喷4～5次。刚扦插后必须保证空气湿度达到近饱和状态，待生根后逐渐降低。前期尽量避免太阳光的直射，保证散射光，温室可通过揭放保温被或搭建遮阳网控制。绿枝发根最适宜的温度是25～28 ℃，因此温度过高时采用遮阳或喷水的方法降温。绿枝插条一般在扦插后10～12 d开始生根，15～20 d地上部分开始生长，此时需逐渐降低湿度，增强光照。

插条生根后，根据扦插苗的生长发育状况，前期结合浇水，每亩薄施5～7 kg尿素，叶面多次喷施磷、钾肥。新梢长到30 cm时摘心，控制副梢，促进枝芽充实健壮和成熟。

嫩枝扦插技术性强，要求湿度、光照管理措施要及时得当，较为费工。但繁殖周期短，速度快。

第二节　嫁接育苗

嫁接是把一个植株上的枝或芽，接到另一植株的枝干或根上，长成一个完整独立的植株的技术。其中用作嫁接的枝和芽称接穗，承受接穗的下部称砧木。葡萄嫁接育苗，接穗是优良目标品种的枝或芽，砧木可因育苗目的不同进行选择。葡萄嫁接育苗的意义主要在于：

①通过抗寒性强的砧木提高嫁接苗的抗寒力，如采用东北山葡萄、贝达、黑山、绥化BA1等抗寒砧木。

②增强嫁接苗对根瘤蚜或线虫的抵抗力或免疫力，可选用SO4、久洛、3309、5BB和沙地葡萄作砧木。

③高温多湿地区培育抗湿热的嫁接苗，可选用河岸葡萄作砧木，以增加植株对土壤的适应性。

④更换新品种及老化葡萄园的改造，可用优良新品种对混杂植株或低产劣质品种进行嫁接改造。

⑤加快优良新品种或扦插难生根品种的繁殖。

葡萄嫁接繁殖，欧美许多国家利用抗性强的北美种群及杂交后代，成功地嫁接欧亚种群的优良品种，提高嫁接苗抗根瘤蚜、线虫和不同土壤的适应能力。我国西北地区广泛利用山葡萄、贝达作抗寒砧木，提高品种的耐寒性。

葡萄嫁接育苗主要有田间嫁接和室内机械嫁接两种方法。

一、田间嫁接

葡萄田间嫁接可根据所用的砧木和接穗材料的不同分为硬枝嫁接、绿枝嫁接。

（一）硬枝嫁接

硬枝嫁接所用接穗是成熟健壮的一年生枝，经冬剪时收集、储藏备用。砧木是苗圃越冬的砧木苗或已定植的植株进行品种更换（如温室品种更新）。嫁接时期应在春天伤流期后进行。硬枝嫁接常用的方法有下面几种：

1.劈接法

劈接法是生产上最常用的方法。砧木较粗或砧木与接穗粗细相当，均可用此法。

（1）劈切砧木

苗圃地砧木从地上10 cm处剪截，将断面削平，选平滑顺直的一面，从断面中间垂直劈开，劈口略长于接穗切面。

（2）削接穗

接穗下部两侧各削长3 cm左右等长的削面，呈斜楔状，即不削的两面一侧稍厚，另一侧稍薄。削面由上而下，由浅入深，平直光滑，不毛茬，不撕皮，要求接穗削面以上留1～2芽剪截。

（3）插入接穗

接穗厚面向外，薄面向内插入劈口，注意砧穗二者形成层务必对准（这是嫁接成活与否的关键），接穗上部微露伤口2～3 mm。一般砧苗仅插一接穗，大树粗枝可插两个接穗。

（4）包扎切口

用塑料条绑缚切口，绑缚要求紧实严密。条件具备者还可在嫁接部位培上疏松、潮湿的细土，覆盖厚度要略高于接穗顶部10～15 cm。

2.皮下接（插皮接）

皮下接适宜在砧木粗且皮层容易剥离时段进行。接穗仅从下部一侧削成长3 cm以上的长切面，再在对面对称地切1 cm左右的短切面。同样要求一刀削成，切面以上留1～3个芽剪截。砧木在嫁接处剪断，然后选皮层光滑顺直处纵切一刀，伤口长于接穗长切面，撬开皮层，将接穗长切面向内，缓缓沿伤口插入，上部伤口微露2～3 mm，最后包扎紧实严密。

3.切接法

切接法适宜于砧木粗大，如大树品种更新时常用此法。砧木从嫁接处切断

或锯断，削平，接穗与劈接法相同。选砧木顺直处，粗度为1/4～1/3处垂直切下，切口略长于接穗切面，将接穗插入切口，对齐形成层，微露白。粗大的砧木一侧切口可插两穗，如两侧均切可插四穗，最后绑缚紧实严密即可。

（二）绿枝劈接

1.砧木的选择

砧木的选择利用前一年培育的砧木苗，冬季修剪时平茬，萌芽生长后，选择仅留地面的新梢，嫁接前摘心，除去所有副梢，抹去冬芽，促进砧木及早木质化，并浇水以促进利皮后嫁接。

2.接穗的采集

从健壮的母株上选择，嫁接前一周摘心，并处理副梢后生长充实，已达到半木质化的新梢，剪取与砧木粗细相宜的新梢，掐去叶片，留下长1～2 cm的叶柄，及时插入清水中。绿枝接穗最好当地采集，边采边接。

3.嫁接时间与方法

绿枝嫁接的最佳时期是6月中旬，即新梢半木质化时。嫁接时间过早接穗太嫩，成活率低；过晚则萌发的新梢生长时间短，枝条不充实，不易越冬。嫁接选择阴天，或晴天午后嫁接较好。

绿枝劈接法的基本操作方法与硬枝劈接法相似。嫁接时将砧木新梢从10～20 cm处剪断，剪口离最上芽4～5 cm，从枝条中间劈至节上，切口长3 cm以上，保留砧木上叶片。接穗留一个优质芽，距芽眼1～1.5 cm平剪，下端留4～6 cm，从芽下两侧各削长约3 cm的两个等长的斜面，切面要求光滑，一刀削成斜楔形。然后将接穗轻轻插入砧木切口，砧穗二者形成层互相对准。最后用塑料条由上向下绑扎，注意松紧适度，仅露出芽子和叶柄，其余部分缠严，并取一片大叶折叠对接穗遮阴。一周后检查，叶柄脱落即表示成活，否则及时补接。

4.绿枝劈接后的管理

嫁接后保持土壤湿润，接芽生长15～20 cm时结合浇水每亩追施15～20 kg的尿素，此后用3%～4%的磷酸二氢钾连续喷施3～4次。新梢长80～120 cm或立秋时摘心，严格控制副梢生长，及时抹除萌蘖。生长后期将砧木老叶打去，并经常检查绑扎部位，防止绞缢现象发生。绿枝劈接是生产上常用方法之一，一般成活率可达到80%以上。砧苗嫁接后新梢在30～50 cm以上，枝条充实健壮，当年即可出圃。

（三）芽接

葡萄芽接方法很多，主要用在生长季嫁接，其中带木质芽接既用于夏季嫁接，也可用于春季嫁接。生产上主要采用带木质芽接和方块芽接法。

1.砧木培养和接穗的准备

砧木多是当年扦插的繁殖材料或实生苗。扦插苗，当苗高30～40 cm时摘心，控制副梢生长，促使枝条充实，嫁接前浇水。接穗的准备和采集与其他夏季嫁接方法一致。

2.嫁接时期

芽接的时间以当年新梢半木质化，切芽离皮，易与枝条剥离为宜。西北地区一般在6月下旬进行。

3.嫁接方法

（1）带木质芽接（也称嵌芽接）

首先，在砧木离地面15～20 cm处由上向下倾斜切一刀，长为2～2.5 cm，然后在切口处倾斜下切，与第一刀相交，取出切片。其次，接穗应选成熟饱满的芽，切法与砧木相同，即从芽上1.0 cm处开刀，同样由上向下倾斜切一刀，长度2 cm以上，然后距芽下1 cm以上处仍倾斜切第二刀，与第一刀相交，取下芽片，芽片略小于砧木切口，不剥去木质部。最后，将芽片嵌入砧木切口中。注意芽片一侧与砧木切口对齐。然后用塑料薄膜条绑缚，只露出芽体和叶柄，绑缚松紧适宜严密。

（2）方块芽接法（又称热粘皮）

方块芽接法以接穗的芽为中心，切长2～2.5 cm，宽1～1.5 cm的方块形芽接片剥离枝条。在砧木嫁接部位切同样大小的方块形状，剥去皮层，然后嵌入芽接片，用塑料薄膜条绑缚。

芽接时芽接片必须保留1 cm长的叶柄；所用接芽的节上无副梢或副梢很短，接芽和砧木都要半木质化。一般接后7～10 d检查成活情况，用手轻触叶柄即掉落表示成活，约半月后逐渐解除绑缚物。一般生长季长的地区或大棚温室内嫁接可剪去接芽上部的砧木，使接芽当年萌发培养成苗。生长季短的地区冬剪时剪砧，接芽第二年萌发培养成苗。

生产上也常在生长健壮的砧木新梢上离地面20 cm起接第一个芽，作为根砧的地上部，以后在第一接芽以上，每间隔25 cm向上连续接2～3个芽，冬剪时，把带有成活接芽的枝条（半成品苗）从第一接芽以上剪下，这些接芽上端留3 cm，下端留25 cm剪截。分品种储藏，第二年春季催根扦插培养成嫁接苗，但砧木上的芽在扦插前必须抠去。

二、机械嫁接育苗

葡萄机械嫁接育苗主要是指室内硬枝机器嫁接，也称工厂化嫁接育苗。它具有节省时间和劳动力，育苗周期短，嫁接部位结合紧密，成活率高，育苗成本低等特点，目前在国外大量推广应用。国内也于近年引进了国外的嫁接机，进行葡萄机械化嫁接育苗。

机器嫁接目前采用自动化程度很高的欧米卡嫁接机，即用机器分别在接穗和砧木枝条上切出两个相反的"Ω"字形切口，二者被机器直接压合在一起，其操作技术易掌握，每小时可接600～700株，虽然有时成活率较低，但省工省时，已成为葡萄苗木嫁接生产的机械方法。

（一）枝条剪截与准备

当年2月份将储藏的砧木和品种枝条取出，根据不同育苗种类对枝条进行剪截，接穗可按2芽（长度约10 cm）剪截，砧木剪截成20～30 cm的长度。种条要求芽上留1 cm平剪，下部留2 cm斜剪，每30根一捆，在清水中浸泡24～48 h，在50%多菌灵800倍溶液中浸泡5 min灭菌。

（二）设施设备准备与嫁接

设施设备准备包括车间、机器、温室、塑料周转箱等，育苗温室可以采用普通塑料大棚或日光温室。进行嫁接时，注意砧木、接穗不能倒置。嫁接机会把砧木、接穗处理成"Ω"接口，嫁接完成后将接穗与砧木扶正、对齐，保证砧木与接穗的形成层对齐。嫁接好的枝条随即蘸蜡处理，装箱后放于冷藏室（0～3 ℃）中储藏。

（三）嫁接种条愈合处理

为了促进嫁接部位的愈合，于扦插前15～20 d开始对储藏的嫁接条进行层

积催根和促生愈伤处理。层积处理时，温室内先期温度要求在25～28 ℃，湿度应保持在90%以上，保持1周后再以每天2 ℃的速度降至20 ℃，随时观察嫁接部位愈合组织的形成情况。经过15 d左右，挑选长出愈伤组织好的插穗扦插。

（四）扦插

将已嫁接的种条处理取出挑选后进行扦插育苗。因嫁接条比正常扦插插穗短小，扦插时应将其插入到温室营养袋中，当葡萄幼苗长到4～5片叶后进行炼苗，移栽于苗圃地或定植建园。

三、嫁接苗的管理

影响葡萄嫁接成活的主要因素是接穗和砧木的亲和力、营养状况、嫁接技术，以及嫁接和成活期的管理。其中嫁接后的管理也是重要的环节。

温度低，气温回升慢，不利于愈伤组织的形成，气温过高又易造成萌发芽的灼伤，所以要注意温度的控制。机械嫁接后放在温室或塑料大棚育苗，有利于温度和湿度的控制，对提高嫁接成活率有着重要作用。设施内温度应控制在25～28 ℃。春季嫁接时应避开伤流盛期，在伤流盛期之前或过后。嫁接后要及时灌水，保证土壤水分含量。

苗木发芽后，要及时抹掉砧木的萌蘖；当接芽抽出的新梢长至20～30 cm时，选留1条粗壮枝，搞好引缚，防止风折。后期要及时除去缚扎的塑料条，为嫁接部位松绑，促进枝条加粗生长。

后期以及移栽大田后的水肥管理、枝蔓管理、病虫害防治等，基本等同于硬枝扦插和劈接育苗管理措施。

第三节　营养袋育苗

葡萄营养袋育苗，特别是日光温室和塑料大棚营养袋育苗具有集约化、工厂化和多快好省的育苗特点。其优点是苗木根系保护得好，移栽不伤根，不缓苗，成活率高；可利用单芽或双芽扦插，减少种条用量；苗木生长期长，木质化程度高，结果早；育苗集中，管理方便，节约土地和劳动力。

一、配制营养土

营养土宜疏松、透气、肥沃，一般用沙壤土、细沙和腐熟的有机肥配制，比例为7：1.5：1.5，若土壤黏性强，则沙的比例要高一些，土要选择耕作熟化的表土，绝对不宜使用盐碱土和老墙土。肥料要用腐熟的羊粪为好，按比例拌匀过筛后装袋。

二、装袋和摆袋

营养袋选用高度15 cm以上，口径9 cm以上的黑色塑料营养袋（钵），袋底中央开1～3孔，以利排水透气。装袋时用简易漏斗将袋口张开，装满后将土墩实，使土面离袋1 cm左右。然后将袋紧密整齐地摆放在平整、瓷实的苗床上，摆放带宽1～1.2 m，带与带之间相距20 cm，用砖相隔，以便管理。袋与袋之间要摆放适宜，紧密而不挤压，不倒不陷，以利排水、透气和提高袋温，摆袋完成后，应向床面浇水至营养袋渗透。

三、扦插后管理

（一）温湿度管理

扦插后随即密闭温室保温保湿，促使葡萄芽迅速萌动。大约10 d，葡萄芽萌动吐绿时再开始增加通风，以补充室内CO_2，促进葡萄苗的快速生长。温度主要靠自然光照供给热量，白天温度控制在25～28 ℃，最高不要超过30 ℃，如遇寒冷天气，要注意温室保温，通过揭放保温被和通风调控温度。温室内相对湿度保持在75%～80%为宜，相对湿度过高可以进行通风降湿，过低可以适当喷水增湿。

（二）水肥管理

营养袋内土壤含水量为最大持水量的60%～80%，要随时掌握袋内营养土的含水量。土壤干燥、含水不足影响生根发芽与生长。土壤过湿，生根困难，易烂根，即使生了根也会因通气不畅窒息死亡。一般生长前期，可通过洒水补充袋内水分。后期随着气温的升高，苗木的长大，可直接向苗床浇水向袋内渗进。葡萄苗的功能叶展开后要进行叶面和营养袋土壤追肥。

（三）炼苗

苗木生出4片叶子后，苗高达到10 cm左右时要进行炼苗。炼苗要求揭膜放风，最终达到完全揭膜，增加直射光照，适当予以干旱胁迫。结合苗木分级，将营养袋位置挪放一次，以拉断穿出袋孔的根。炼苗时间为出棚前的7 d左右。

（四）出棚移栽

营养袋葡萄苗长出5片以上大叶，苗高达到15 cm以上时即可出棚移栽到苗圃、葡萄园和葡萄大棚。出棚、拉运、移栽过程中要注意营养袋及土坨的完整。定植时将塑料袋割开，带土坨移栽，成活率可达96%以上，且不缓苗，生长快。

第四节　压条育苗

压条育苗是在葡萄园的母株行间进行，工序简单，易操作，管理方便。除培土外，其他田间管理如施肥、灌水等均可与母株管理结合进行，不另占土地面积，可以节约土地，提高土地利用率。压条苗营养来源不仅由母株供给，也有自身吸收和制造的养分。因此其生长速度快，苗木粗壮，根系发达，成苗率高，可广泛用于补充田间缺株、大苗培养、盆景制作等。

一、简单压条法

简单压条法也叫一年生枝蔓压条法，一般是成年葡萄园采用的一种补缺株的压条方法。在缺株处，如果定植扦插幼苗，由于周围植株的遮光、争水和争肥，幼苗生长受到抑制，很难长成大树，所以采用此法来补缺植株效果好。一般在冬季修剪时选留相邻植株上一个长势旺盛的一年生枝，第二年春季芽眼萌动前，在缺株处挖深30～40 cm的坑，将其握成弓形，压入坑内，枝条顶端1～2个芽眼露出地面，将坑埋平。同时把枝条用铁丝扭紧，随着压入枝条的增粗生长，铁丝将限制压条植株的光合产物向母株运输，却不影响母株向压条植株对水和营养的供应。枝条地上部分用木杆支撑，及时摘心，严格控制副梢生长，以促使芽眼饱满，枝条充实。

一般压条植株成形快，第三年后就可正常结果，这时将压条植株剪断与母株分离。也可采用此法，在秋季落叶后，将植株剪断挖出即为一株健壮的葡萄大苗。

二、连续压条法

连续压条法一般采用母株基部健壮的一年生萌枝或多余主蔓，5月中旬新梢长到30 cm以上时，顺着萌蘖枝的方向，挖深宽各为20 cm的长沟，沟底适量地施入有机肥，然后将枝蔓压入沟中，每隔一定距离用杈或铁丝固定，覆一层5～10 cm的薄土，随着新梢的生长，逐渐加厚覆土。新梢用木杆或其他材料支撑，促进直立生长，及时摘心，控制副梢生长，以加速枝条成熟。采用这种办法每芽都可长出新梢和根系。秋季落叶后挖出剪断，可繁殖出许多单株苗木。

三、副梢压条法

在生长强壮的母株上，选用生长健壮的新梢，长度在1 m以上，摘心，并且水平引缚，促其生长出副梢。当副梢长约20 cm时，将副梢压入深20 cm的沟中，开始回填6～7 cm的土，在主梢半木质化，副梢长30～40 cm时将沟填平。后期管理采用对副梢支撑和摘心，及时处理二次副梢等措施。秋季落叶后挖起压入的枝条，即可修剪出若干个带根的苗木。

四、插条苗压条法

插条苗压条法最好在大棚内或温室采用。当年插条苗可长出2～4个新梢，当生长强的新梢长到50 cm左右时摘心，促进副梢萌发，新梢上部一般长3～4条粗壮的副梢，长30 cm以上时，将新梢压倒埋入沟内，并对副梢培土，一般分2～3次培土。落叶后每一个副梢即成一个单株。一般每个插条苗可压两个新梢，留弱的新梢摘心健壮后作原苗的茎干。用这种方法育苗先稀栽插条，后用压条法扩大苗木数量，既节省扦插材料，又提高繁殖系数。

以上所有压条育苗，必须分期连续培土2～3次压条，直至新梢或副梢的基部2～3节埋入土中为宜，基部生根2～4层，使压条苗具有发达的根系，这是压条培养壮苗的关键措施。同时压条后要保持土壤湿润，及时灌水，压条沟应施入适量的腐熟有机肥，以促使苗木的健壮。

第五节　试管育苗和脱毒处理

葡萄试管育苗在葡萄繁殖中是最快、最先进、最适于工厂化育苗的一项高新技术，也是葡萄组织培养实际应用最多、最有成效和最成熟的一项生物技术。它对新育成、新选育的单株或新引进的良种，可于短期内大量扩繁种植材料，以满足生产上的迫切需要。葡萄试管育苗虽然繁殖快，可脱除病毒，但过程复杂，成本高。

一、葡萄试管育苗繁殖的类型

葡萄试管快速繁殖按其发生途径可分为三个类型。

（一）无菌短枝型

无菌短枝型又称节培法或微型扦插法。将待繁殖的材料剪成带一叶的单芽茎段，转入成苗培养基，一定时间后可成苗，然后再剪成带一叶的单芽茎段，继代又可成苗。这种方法一次成苗，遗传性状稳定，培养过程简单，适用范围大，移栽容易成活。这是葡萄试管苗繁殖最常用，也是各个过程最后阶段的常用方法，但繁殖初期速度较慢。

（二）丛生芽增殖型

茎尖或初代培养的芽，在适宜的培养基上诱导不断发生腋芽，而成丛生芽，然后转入生根培养基，诱导生根成苗，扩大繁殖，或不断诱导发生腋芽。这种方法从芽到芽，遗传性状稳定，繁殖速度快，是茎尖培养和脱毒苗初期必走之路，但过程较复杂，品种之间有较大差异。

（三）胚状体发生型

胚状体发生型是从葡萄组织或器官等诱导葡萄体细胞胚发生的过程。其发生和成苗过程类似合子胚和种子。胚状体具有数量多，结构完整，易成苗和繁殖速度极快的特点，是葡萄离体无性繁殖最快和最理想的方法，也是人工种子和细胞工程的前提。但对诱导胚状体的葡萄品种还不普遍，生产上还未大量应

用，有待进一步研究和发展。

二、葡萄试管育苗的程序

（一）接种车间

从田间或室内采取生长健壮、无病虫的优良品种嫩梢，用“综合无伤消毒法”获取无菌原种苗，或直接引进无菌试管苗进行扩大繁殖。

（二）培养车间

试管苗转接到GS-1至GS-6培养基上，放在培养室内，于25～28 ℃，2000～4000 lx连续光照下，培养25～30 d后可成苗，再剪成带单芽茎段，继代又可成苗。其每月能增殖2.4～8.2倍。

（三）移栽车间

将培养车间培养的试管苗转移到温室或大棚，进行光培、沙培、温室营养袋炼苗。葡萄试管苗要从一个无菌、弱光照、恒温的培养条件下移到一个有菌、自然光、变温和环境不稳定的土壤中，这是一个变化剧烈的过程，稍不注意或未掌握其移栽技术，就会造成试管苗大批死亡，以致前功尽弃。因此，炼苗移栽十分重要。

1.光培炼苗

试管苗高达瓶口，有3～4枚正常叶片时，去掉瓶塞，转入温室或大棚，在干净温室中，经自然光炼苗3～7 d，当幼茎呈淡红色，叶片发亮未长霉前即可出瓶沙培。

2.沙培炼苗

在阴天或傍晚，将培养瓶内的小苗轻轻倒出，洗净根上黏附的培养基，栽入临时搭建的小拱棚内的沙床上，沙床下面铺设电热线。移栽株距3～4 cm，行距8～10 cm。最初3 d，棚内温度保持在25 ℃±5 ℃，相对湿度80%～95%。光照7000～10000 lx，夜间或阴天要人工补充光照。3 d后，降低棚内湿度到70%～80%，光强逐渐增强到40000 lx。6～7 d后，拆除临时小拱棚。

3.温室营养袋炼苗

把经沙培后的小苗，在无直射光下栽入土：沙：腐熟羊粪（1：1：0.2）的营养袋中。最初几天，温、湿度和光照的要求和管理同沙培苗。移栽前1周要经过强光炼苗后，才能移入大田。

（四）移栽大田苗圃

选择疏松肥沃、排灌水方便、距温室较近、日照良好的地块作为苗圃地，按一般营养袋苗进行移栽及管理即可。移栽于苗圃地的试管小苗应保证有三个月的生长期，并及时摘心去副梢，促进枝芽的成熟。

试管苗遗传性稳定，无根干，根系发达，茎较细，节间短，隐芽多，定植易成活。但因成苗芽多，根好，生长快，萌芽多，故定植成活后应及早抹芽定干。

三、苗木脱毒处理

葡萄病毒病是世界性的葡萄病害，发生十分普遍和严重。几乎所有的葡萄病毒均通过繁殖材料和嫁接传播，因此，建园选用无病毒苗木，是防治葡萄病毒病的根本对策。

（一）热处理法

热处理法主要脱去扇叶病毒。该病毒不耐高温，通过热处理可使其钝化后脱除。一般将生根试管苗移入热处理室，在35 ℃下放置21 d，将脱去病毒。热处理期间要保证有良好的光照及精细的管理。把脱去病毒的植株枝条剪下，在无传毒媒介及病源的条件下进行扦插繁殖，或嫁接在无毒砧木上，以培养无扇叶病毒的母本树。

（二）茎尖培养法

茎尖培养脱病毒的依据是，茎尖分生组织细胞中病毒含量低或无病毒，采用生长点培养法能有效地脱除病毒。

其具体做法是：把经过严格消毒的枝条，在无菌条件下切取0.2～0.5 mm，并带有2～3片叶原基的茎尖，接入分化培养基上培养，当条件适宜时，两个月可形成芽丛，再切取茎段，转入生根培养基培养两个月即可成苗，经过扩繁、炼苗移栽，即成脱毒苗。

（三）热处理结合茎尖培养

采用上述两者结合，即将盆栽葡萄苗先行热处理再剥取茎尖培养；也有剥取葡萄茎尖接种于培养瓶中，进行高温培养而获得无病毒苗；也可将试管苗放置于35～37 ℃下经1.5～2个月培养后，再剪取1～2 mm的顶芽或腋芽，转接于GS培养基中培养脱毒苗，均可获得满意的效果，脱除扇叶病毒和卷叶病毒效果好。

（四）微型嫁接脱毒法

微型嫁接脱毒法用Ln-33或沙地葡萄圣乔治等砧木品种无菌试管苗，在试管内用“双十字嫁接法”进行。其具体做法是：在苗基部略上横切，然后与苗平行给纵切两道，深2 mm，然后转180°，再切两道，取出中心，把接穗的顶端分生组织削成同样大小的小方块，放在砧木的品种试管苗切口上，进行培养，使其愈合生长，待成苗后经过扩繁、炼苗移栽即成脱毒苗。此法是把脱毒和鉴定结合进行，因为其后从砧木上长出的枝叶，可以鉴定接穗品种是否已不再带病毒了。

四、脱毒葡萄苗的微繁

经过上述脱毒方法，获取无毒繁殖材料后，再通过试管育苗技术进行扩繁、移栽，培育为脱毒苗木用于生产推广。脱毒苗生产和普通试管苗繁育有三个不同之处：第一是继代繁殖不同，脱毒苗只能用茎尖培养，要无菌剥取茎尖或先用热处理再取茎尖，不同品种对培养基反应差异较大；第二是试管繁殖出瓶后移栽要求场地、用具、基质、肥料等均无传毒媒介及病原；第三是移植脱毒苗应按无毒良种繁育体系进行，先鉴定确认无病毒才能出圃、栽植。

第六节　苗木质量控制与出圃

一、育苗质量控制

葡萄苗木质量的高低，直接影响葡萄栽植后的生长发育，是建园成功与否的关键。合格苗木的质量一是品种必须纯正，插穗母株表现一致性高；二是根系完整，根幅宽阔，达到规定的侧根数量和长度，营养袋苗土坨完整硬实；三是枝条组织充实，木质化程度高，芽体饱满，符合粗度要求，嫁接口愈合良好；四是无机械损伤，无病虫害，储藏运输不失水、不受冻，苗木质量证齐全。因此，在葡萄苗木繁育、运输、栽植全过程中必须紧紧围绕上述指标，做好质量控制。

二、苗木出圃

（一）掘苗

掘苗出圃在晚秋落叶后进行。掘苗前必须浇足水，扦插繁殖的苗木，根系层次明显，插条的地下部分每节都有根，而且下部根多而粗，尤其试管繁殖的苗木根特别发达，因此要挖得深些、宽些。用压条方法繁殖的苗木，因根系浅，细根多且水平伸展，故掘苗要范围大，适当浅挖。无论哪种方法繁殖的苗木，掘苗时应注意尽量减少伤根，保留较多须根。

（二）分级

苗木挖出后，在田间地头集中修剪整理。一般地上部分新梢留3～5芽，长度15～20 cm，粗根留20～25 cm，粗根伤口要剪平，以利愈合。同时，对葡萄苗木进行分级。分级按照不同地区、不同苗木类型的地方标准进行，也可按照建园设计和供苗合同进行分级。苗木分级后，对于合格苗木每20～50株捆成一捆，挂上标签，注明品种、砧木种类及等级和数量，即可销售或储藏。销售时还需要提供种苗检疫证、质量检验证和标签。对于长势弱，成熟节数少的苗木，不能出圃或经第二年继续归圃培育后再出圃。

（三）储藏

葡萄苗木于头年秋季起挖，翌年春季栽植。因此，必须进行越冬储藏。储藏可用窖藏，也可用沟藏，与葡萄插条的储藏基本相同。其关键是用干净湿沙埋藏，深度因天气变化而增减，可防止失水受冻，又要避免过湿发霉，影响苗木的生活力。

第七章　建园定植技术

第一节　设施栽培区选择与规划

设施葡萄栽培建园前应充分进行实地考察，根据土地资源、地形地貌、市场需求、资金设备和技术能力，确定发展规模，选择设施类型，进行区划布局，在认真、精心规划设计的基础上建园。

一、栽培区选择

西北地区选择设施葡萄栽培区时，应综合考虑当地的自然条件、社会条件和经营方向。一般要求地形开阔，土地基本平坦，东、西、南三面无影响温室和大棚冬季遮光的高大建筑物和林带树木等；地势通畅，背风向阳，地下水位不要太浅，不在风沙口，山区北面有山冈作为屏障更好；土壤疏松肥沃，保水性能好，含盐碱量低；交通方便，有灌溉条件，供电有保障，劳动力较为充足，周围没有严重的污染源等。

二、精心规划

建有一定规模的葡萄园，如面积在50亩以上，要规划出办公生活区、仓储区和生产区。生产区还要细致规划出便于操作的生产小区（温室）、水电设施、附属道路、蓄水池、有机肥堆积发酵场等。对于观光采摘园，整个栽培园区还需绿化、美化、亮化，道路要硬化，要有休闲场所，并配备足够面积的停车场以及配套的相关项目等。

设施葡萄栽培区具有观光和休闲的功能，在规划布局上一定要有前瞻性和新颖性，尽可能达到美观精巧的效果。

区划布局确定后，根据温室、水电、道路等具体建设工程，按照相关行业质量标准进行统一设计后施工建设。

第二节　设施内布局设计

设施内布局主要包括在温室或大棚内配备缓冲间、蓄水池、步道等永久设施。同时，葡萄系多年生藤本植物，需要搭建稳定的架面为其生长发育提供支撑。因此，由柱材和线材构成的葡萄架面也是设施内的布局。

一、缓冲间

日光温室缓冲间设置在温室出入口外面，联栋温室则有内置或外置缓冲间。其作用为冬季防止冷风从入口处直接吹入使门口温度低，变幅大，造成葡萄的冷害。缓冲间也可用作临时休息室和换衣室，使果农们进出时有一定的缓冲作用，减少温度、湿度剧烈变化对人体的伤害和不适。其还可以作为储藏室，用于放置简单工具和物品材料。在温室集群区域，其彩色外观和独特屋顶还起到美化装饰效果，外墙还可发挥宣传作用。

缓冲间一般规格大小为3 m×3 m，其样式、结构和质地材料等质量标准因地制宜，总的原则是要美观独特，特色鲜明。

二、蓄水池

西北地区冬季严寒，输水管渠结冰严重，从温室外频繁向温室内供水很不方便。同时，直接引冷水灌溉会降低土温，导致植物根系受到冷害，影响生长发育及产量和质量。因此，在日光温室内修建一个蓄水池，以便严冬季节预热水温，或干旱区储水，方便用水。

蓄水池常设置在门口山墙旁，一般单栋日光温室蓄水池长、宽、深分别为6 m、3 m、2 m，储水量30 m^3左右，用混凝土浇筑而成。其也可以在地下埋设

或地面摆设专用成品制式水箱。

三、步道

日光温室的步道沿北墙设置，宽度为80 cm左右，步道高出地面20 cm，以素土夯实、红砖铺建和混凝土浇筑均可。连栋温室和拱形大棚，步道则在温室中间设置。步道设置总的原则是经济实用美观，少占室内生产用地。

四、柱材

柱材是温室内用于搭建葡萄架面的立柱材料。设施内葡萄架柱材主要是水泥柱和钢材柱，柱间距按照株行距而定。

（一）水泥柱

水泥柱由钢筋水泥浇筑而成，为了增加强度，四周柱规格略大，一般为12 cm×12 cm；中间柱略小，一般为10 cm×10 cm或8 cm×8 cm。水泥柱生产原材料成本较低，但运输与安装成本较高，且在设施内也不够精巧美观，将逐渐被钢材柱等取代。

（二）钢材柱

钢材柱通常是选择钢管（圆管及方管）直接切割而成，以热镀锌最好，寿命长达70年。普通钢材需粉刷防锈漆，寿命也可达到20年。其规格要求圆管直径3.3～5.0 cm，厚度2.5～3.5 mm；方管4 cm×4 cm或4 cm×3 cm，厚度2.5～3.5 mm。设计同样要求四边柱略粗，中间柱略细。钢材柱运输与安装省力方便，应用广泛，已成为温室葡萄的主要柱材。

目前一些温室建造过程中，在温室主体结构上按照需求设计了承拉线材的装置，可替代四周柱，只在中间设置立柱即可。

五、线材

线材为水平固定在立柱上，用于绑缚葡萄枝蔓的拉丝材料。目前，设施葡萄栽培多用铁丝和钢丝，也有采用托幕线等新型材料的。架面设置时线间距为0.5 m左右。

（一）铁丝线和钢丝

常用线材规格参数可参考表7-1。

表7-1　设施葡萄园常用线材规格参数

材料名称	直径/mm	每100 m重量/kg	每吨长度/m
8号铁丝	4.2	10.8	93000
10号铁丝	3.4	7.15	14000
12号铁丝	2.8	4.73	21000
钢丝	1.2	1.10	90000
钢丝	1.8	2.25	44000
钢丝	2.2	3.30	30000

以前生产中铁丝因价格便宜应用较广泛，但铁丝有弹性，承重后易拉长，往往导致架面凹凸变形，需年年紧线。同时，铁丝使用久了易腐蚀生锈，因韧性降低而被拉断。而钢丝则基本无此缺陷，但价格较高。

具体选用中，一般主体承重线选用直径2.2 mm的钢丝线或直径4.2 mm的8号铁丝，辅助线选用直径1.2～1.8 mm的钢丝线或直径2.8 mm的12号铁丝或包胶线。

（二）托幕线

托幕线也称聚酯托幕线，主要以PET、聚酯为原料制造而成。其具有强度高、阻燃、不易断裂、表面光滑、防酸碱、耐气候老化、使用寿命长等特点，是温室内代替钢丝、铁丝的新型产品。在环境温度-40 ℃～70 ℃的情况下可以完全保持其力学性能和几何尺寸不变。它表面平滑，所以不会伤害到葡萄枝叶及果实，添加抗紫外线成分可以避免强光照射的损害，同时化学性质稳定，耐酸碱腐蚀，直径规格为1.5～4.0 mm不等，已成为设施葡萄种植金属线材的升级产品。

第三节　栽植模式与整地

设施葡萄定植前整地可以有效改善立地条件和土壤理化性质，增加肥力，蓄水保墒，有利于提高成活率和幼树生长，并为最终的产量及质量奠定坚实的基础。但具体的整地技术与指标，则根据不同的土地现状和不同的栽植模式而定。

一、全园深翻平床栽培

全园深翻适用于土壤深厚、肥沃、团粒结构良好的熟化耕地，栽植前深翻30～40 cm，亩施有机肥8 m^3左右，在有效提高土壤肥力，进一步改善土壤理化性质的基础上，采用平床方式直接挖穴栽植，同大田常规栽培方式相同，常用于避害栽培和观赏栽培。

二、沟状改土栽培

沟状改土栽培是目前日光温室栽培整地的主要方式。栽植前挖宽70～80 cm，深60～70 cm的栽植沟，回填时按照细沙、有机肥、熟土各占三分之一的比例混匀后填入，灌水沉实，栽植后形成沟状行。对于盐碱严重、黏性较重、土层薄沙石量大的土壤须客土后回填，从而达到改良土壤的效果。

三、沟槽式根域限制栽培

在定植前，按要求的行向和行距，开挖深80 cm，宽120～140 cm沟槽，用长宽适宜的防水塑料膜布铺垫于沟槽底部和两侧沟壁，上覆10 cm左右秸秆，然后将配制好的营养土（三分之一的细沙、三分之一的有机肥、三分之一的熟土混匀）填到沟槽内膜布上，灌水沉实后栽植葡萄。在地下水浅，降雨量多的地区，沟槽底部还要设置排水管或河砂砾石，排除或渗漏多余的积水。在地下水深的西北干旱区，则不用设置排水沟，只是在浇水时注意浇透即可，不要过量浇水以致沟槽底部积水。

沟槽式根域限制栽培可完全满足葡萄生长发育。因此，可在沙漠、戈壁和沙石地等非耕地发展日光温室葡萄栽培，能有效解决粮果争地矛盾。而西北地区有着丰富的沙漠、戈壁和荒地等非耕地资源和自然光热资源，适合戈壁农业的发展。

葡萄根域限制栽培模式有以下优点：

①沙漠、戈壁和沙石地空气干燥，光热资源丰富，病虫害少，可有效促进果品成熟，提高葡萄品质；

②可控的施肥和封闭的土壤区域，易于形成有机肥和无机肥的协调平衡，避免肥效延迟和养分流失，对环境友好；

③根系密度大，水分调控容易，灌水量小，实现了节水栽培；

④便于实现肥水供给的自动化、机械化、物联化管理，省工省力；

⑤不受土壤条件制约，可在荒漠戈壁、盐碱滩涂发展观光农业、休闲农业、戈壁农业、生态农业。

⑥进一步拓展后，可在庭院、阳台、楼顶开展景观植物栽培和葡萄生产。

四、高垄栽培

高垄栽培首先将有机肥按亩施8～10 m^3均匀撒到地表，并用旋耕机将肥土混匀，起高40～50 cm、宽1 m左右的栽培垄，垄上覆膜后中间栽植一行葡萄，垄间沟内灌水或追肥，渗透到垄中下部土层。

葡萄高垄栽培可有效提高地温，促进土壤微生物活动，土壤疏松通透，利于根系生长，并能有效降低设施内湿度。

五、先沟后垄栽培

开挖宽和深均为80 cm的改土沟，由深及浅依次回填40 cm秸秆，20 cm土加肥，20 cm沙壤土混合有机肥，灌水自然沉降形成定植沟后栽植苗木。等小苗成活长出枝条，自己能实现营养循环的时候，此时再用有机肥混合土壤回填定植沟，以后逐年起高度35 cm左右，宽度60 cm左右的高垄，使葡萄根部一部分置于沟槽内，一部分置于垄内。春天再结合施肥破垄晒地升地温，夏季又结合施肥扶垄，这样破垄不怕伤根，因为深层根系长得很好，浅层断几条根也不影响吸收。

先沟后垄栽培的开沟能低成本地让根系扎得深，根域水分稳定，葡萄生长

中庸；垄式栽植肥料流失少，果实品质好。其虽然费工却把起垄和开沟的好处都兼顾了。

第四节　定植

一、栽植密度

葡萄由于其特殊的生物学特性，果实产量取决于枝蔓量，而葡萄的枝蔓生长量是很大的。因此，同其他果树不同，葡萄的初植密度相对来讲不是很重要的。如果栽植密度低，每株枝蔓量多留一些；反之，则少留一些，只要合理地占满架面即可达产达标。另外，葡萄品种、温室类型、架形架式、管理措施、经营目标等，都是决定葡萄初植密度的因素。当然，对于藤本类果树来讲，合理的密植有利于早结果、早丰产、早受益。但随着设施葡萄机械化作业程度越来越高，简约化栽培的发展趋势却要求密度越来越小，树形越来越大。为此，我们提倡初植时采用小株距，以后视情况进行株间挖除调整。

对于西北地区设施葡萄简约化栽培来说，各区域依据不同设施类型及不同的发展目标和方向，可参考表7–2确定适宜的栽植密度。

表7–2　设施葡萄栽植株行距

序号	架式	设施类型	株距×行距/m	备注
1	篱架(直立、倾斜)	大棚、日光温室	（0.3～1.0）×（1.8～2.0）	
2	小棚架	大棚	（1.0～1.2）×3.0	
3	篱架“V”“Y”形	日光温室	（1.0～2.0）×（1.8～2.5）	
4	水平棚架“一”字形	大棚、日光温室	4.0×3.0	臂长2 m
5	水平棚架“H”形	大棚	4.0×6.0	多观光

二、苗木质量

设施栽培要求早产、丰产，苗木最好采用优质大规格苗木。质量上要求品

种纯正，植株健壮，木质化程度高，根系发达，冬芽饱满肥大，嫁接苗接口愈合牢固。同时，还要求苗木无失水，无机械损伤，无病虫害，规格大小一致。当然，有条件的可采用抗寒、抗虫的砧木嫁接苗、营养袋苗木、脱毒苗木则更好。

三、定植时间

一般而言，葡萄定植的时间在土壤温度稳定在10 ℃时即可。日光温室等设施栽培具有很好的增温和控温效果，西北地区设施葡萄栽培定植时间在2月中旬至4月下旬均可。通常情况下，一般要尽早栽植，延长生长期，促进花芽分化，提高次年产量。

四、苗木处理

栽植前要选苗，淘汰细弱苗和损伤苗等不合格苗。裸根苗要修剪根系，剪除过长根、折断和损伤严重的根，剪留长度20 cm左右。葡萄属于易生根树种，定植前对苗木不需要特殊处理，只在清水中浸泡12 h左右，补充苗木水分，促进栽植后新根产生。容器苗定植需严防根部土坨散落，边栽边小心割除容器。

五、栽植

栽植时先按株行距拉线定点，开挖直径30～40 cm、深20～40 cm的定植穴，将部分土回填入穴，堆成馒头形土堆。然后将苗木根系舒展放在土堆上，当填土超过根系后，提苗抖动，使根土密接。定植穴填满后，踩实，使苗木根颈处与畦（沟）面平齐。栽完后随即浇灌透水，待水下渗、土壤表层见湿不湿时，密缝、填平定植穴。为了提高苗木成活率及便于幼树阶段管理，栽植时应覆盖地膜，起保湿、提高地温及预防杂草的作用。

第八章　省力化架式与整枝造型

葡萄枝条生长迅速，在满足生长条件下，主梢放任生长年生长量可达6～8 m以上，并不断生长副梢。为了使新梢在架面上合理有序的摆放，以获得高产优质果实，同时又便于各项管理措施的实施，葡萄栽培必须根据自然条件、栽培条件和目的，以及品种特性等设置架式。目前，葡萄栽培的架式种类多，生产栽培主要以篱架、小棚架、大棚架及其多种改良衍变类型为主，特殊栽培也有盆景、庭院（设施）栽培的造型、艺术树型等。

设施葡萄简约化栽培要考虑机械作业管理问题，做到只要机器能做的就不用人工操作。而设施内空间受限，为了尽可能让机械和运输工具走到每一株树体旁边，实现高光效、简约化、机械化目标，就必须从源头做起，即改进优化葡萄架式设计。

第一节　篱架栽培

篱架有单臂篱架与双臂篱架之分。篱架栽培枝梢分布均匀，生长发育等基本规范一致，便于管理；枝梢见光好，果实着色较整齐，品质好；一般树形较小，栽植次年即可有较高的产量，第三年可进入丰产期，是早期丰产模式，也是葡萄栽培最常用的架式。

一、主蔓直立整枝

西北地区日光温室内葡萄以南北行向进行主蔓直立整枝效果好。架面垂直

地面，树体呈现短主蔓，无明显主干，较为矮小，新梢较密，长度0.6～0.8 m，主蔓直接结果，既有营养枝又有结果枝。新梢与主蔓在一个方向，同时垂直地面，为传统树形。其优点是能合理利用设施低矮空间；栽植后很快进入丰产期，早期丰产性强。其缺点是顶端优势明显，枝梢上强下弱，果实品质不一致，结果部位易上移，高度难控制，需通过更新修剪或压蔓整枝，使树体每年延伸很短或不延伸，维持叶幕高度基本不变。其行间平直，便于微耕机械进行土壤管理和埋施基肥，新梢直立生长基本一致，可用机械锯剪，快速省力。

二、主蔓倾斜整枝

一般为南北行向，架面倾斜，树体呈现短主蔓，无明显主干，单行或双行栽植，主蔓基部呈倾斜状态，上部逐步呈垂直状态。新梢与主蔓在一个方向，新梢较密，长度0.7～0.9 m，既有营养枝又有结果枝，目前设施栽培中常用（图8-1）。倾斜整枝的优点是树势得到一定的缓和，花芽分化更好，栽植次年可进入丰产期。其他特点与直立整枝相同。新梢处理工量减少，疏花疏果、果实套袋等花果管理和葡萄采摘便利省工，微耕机械进行土壤管理和埋施基肥尚可。

图8-1　主蔓倾斜整枝

三、主蔓水平整枝

以南北行向为好，树体呈现明显的主干与主蔓，主干高度60～150 cm，垂直地面；主蔓垂直于主干，水平整形，长度因栽植株距而定，有“厂”字型、“L”型（图8-2）、单干双臂篱架型（图8-3）、先单臂后双臂型（图8-4）等。

“厂”字型整枝可使葡萄结果位置一致，简化树形培养，提高新梢着生部位，增加结果枝组，缓解树势旺长，通风透光。对于成花较好的品种，采用改良“L”型，结果枝采用超短梢修剪，次年可进入丰产期，4年左右更新结果母蔓，提高葡萄品质。

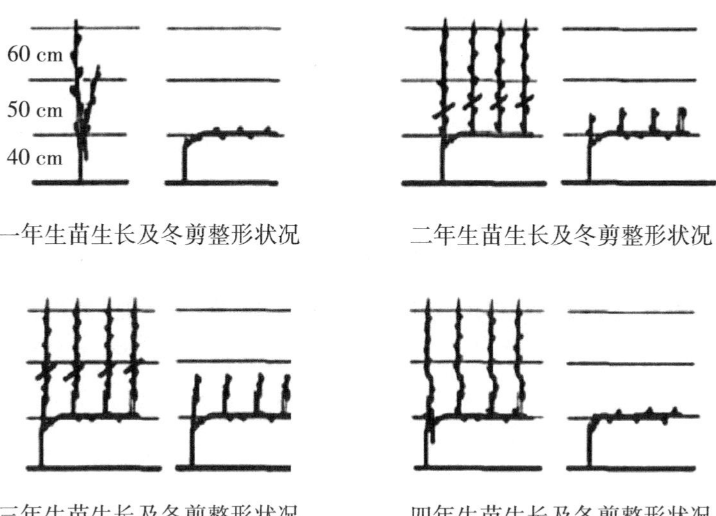

图8-2　“L”型（改良“L”型）整形示意图

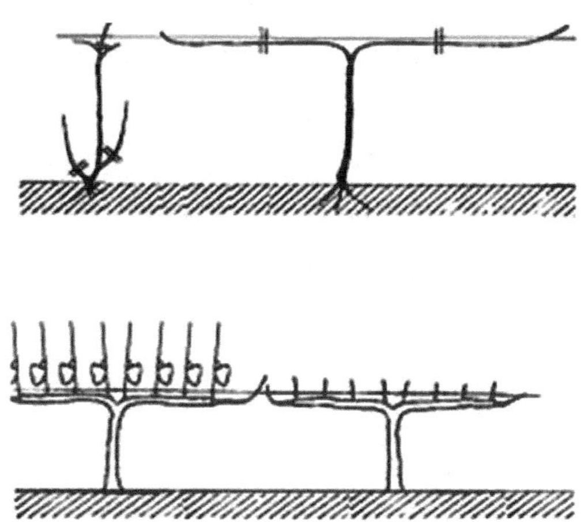

图8-3　单干双臂篱架型整形示意图

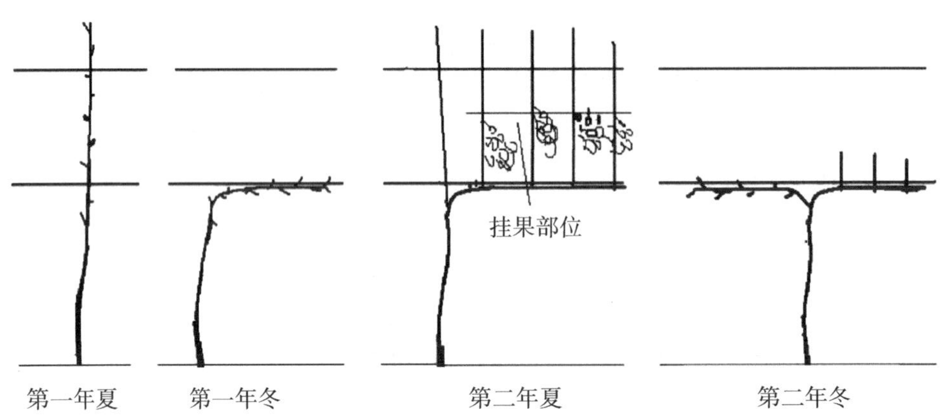

图8-4　先单臂后双臂型整形示意图

主蔓水平整枝的特点是新梢与主蔓垂直，呈直立或倾斜状态，长度1.2～1.5 m，全为结果枝。其结果部位一致，呈现明显的“三带”，即基部通风带、中间结果带、上部光合带（叶幕带）。树体高度好控制，有效利用设施空间，果实品质基本一致，管理技术简便，易于掌握。修剪工序简化，新梢管理和土壤管理机械化水平高。

其中主干高1.0 m左右称“V”形篱架，主干高1.3 m以上称“Y”形篱架，也称高干“V”型架或“飞鸟形”架。“V”型架底部通风透光性差，地上病害易通过飞溅的泥水传播到果实和叶片上。而“Y”形架主干高，增加了葡萄园下部通风透光性，切断了病害通过泥水飞溅传播到果实和叶片的途径，同时便于施肥夏剪、疏花疏果。架高超过1.8 m，又称高干“Y”形或“飞鸟架”，工人可站立进行绑蔓、花穗整理、套袋等流水作业。该架型葡萄架面枝条分布比较均匀；枝条前端是下垂的，容易形成花芽，特别是新梢基部2个芽；商品性好；树体结构简单，新梢生长和结果部位固定，修剪统一模式，操作简便，比较适宜于葡萄产业的标准化生产。“Y”形篱架干活也相对省劲，单株葡萄的负载小，所需要的根系也小，更新更容易，不影响产量。

第二节　棚架

一、倾斜棚架

（一）倾斜小棚架

倾斜小棚架系篱架与棚架的过渡类型，多东西行向，树体龙干整形（图8-5）。该架型新梢较密，长度0.7～0.9 m，既有营养枝又有结果枝。早期丰产性较强，一般栽植第三年达到丰产期。设施内栽植早，管理细致，充分利用当年副梢培养成结果枝组，栽植次年也可进入丰产期。新梢管理和土壤管理机械化水平较高，果穗悬空外观品质佳，花果管理和葡萄套袋采摘方便省工。

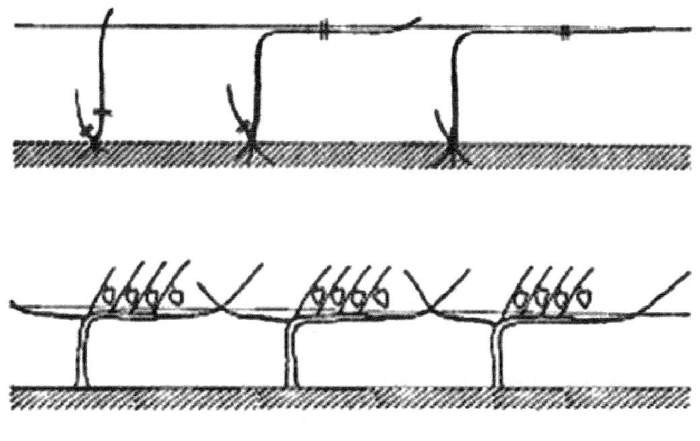

图8-5　倾斜小棚架龙干整形

（二）倾斜大棚架

该架型多东西行向，其架根端高为1.2～2 m，架梢高2～2.5 m，架面倾斜，架宽8～12 m，每隔4 m左右设1个立柱，柱上架设横杆；由架根到架梢每隔50 cm左右顺行向方向拉1道铁丝，组成大棚架架面；由地面（近植株端）到架根顶端每间隔5 m拉1道铁丝，组成篱架面。大棚架早期丰产性差，主要是为了营造设施内较大的空间，以利于休闲观光和采摘体验（图8-6）。

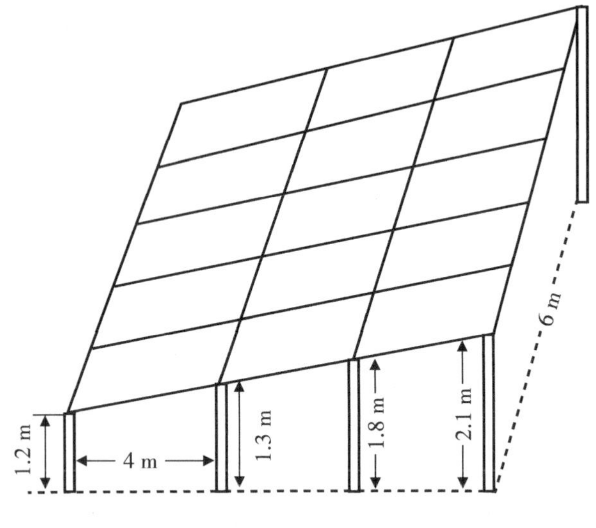

图 8-6　倾斜大棚架

二、水平棚架

水平棚架以东西行向为好。水平棚架整枝采取大树形管理方式，有利于缓和树势，对花芽分化与坐果等有利，管理方便。早期丰产性差，可以考虑多栽植临时植株的方法来弥补早期产量不足，结果后再逐年间伐临时株，保留永久株。

水平棚架树形多为“一”字形或“H”形。其树体具有较高的主干，通常在距离地面 175～185 cm 处分枝形成臂。根据栽植密度，臂长 2～8 m，臂间距 2.5～3.0 m，臂呈水平状态。结果枝垂直于臂，均匀分布，长度在 1.2～1.5 m。其特点是树势均衡，结果枝长势一致，浆果着色整齐，品质高。水平棚架设计有利于减轻病害的发生，也便于枝梢管理。水平棚架整枝可以开展大行距栽植、大树冠整形，单位面积栽植株数少，土壤改良及土壤管理机械化程度高，果穗悬吊品质好，花果管理和葡萄套袋采摘方便省工，新梢和枝蔓管理简约。

(一)“一”字树形

树体呈“一”字形整形，有 2 个臂（图 8-7），栽植次年或第三年进入丰产期，臂越长进入丰产期越晚。该树形须加强幼树管理，充分利用日光温室延长生长，加速整形。

（二）“H”树形

树体按“H”形整形，有4个臂（图8-8），往往在栽植第三年能进入丰产期，需加强幼树管理，加速整形。

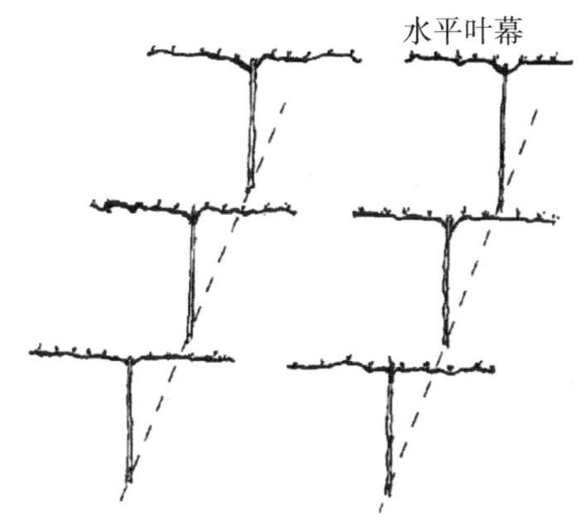

图8-7　“一”字形整形

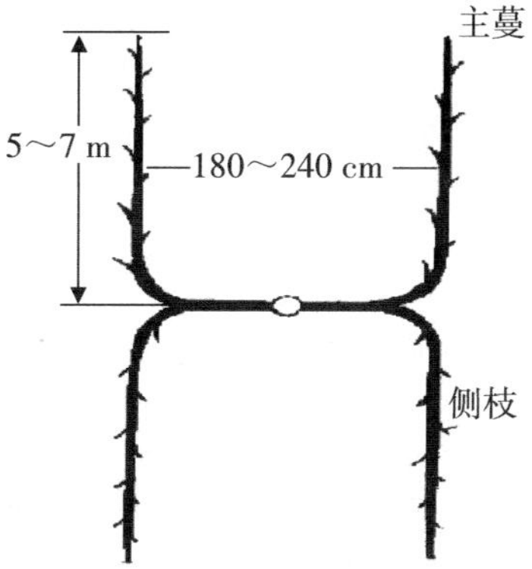

图8-8　“H”形整形示意图

（三）改良“一”字形

改良“一”字形架面也呈主体水平，高175～185 cm，而植株主干高度145～155 cm，主蔓在距离棚架、棚面30 cm左右分枝形成臂，臂也呈水平分布，但从臂上萌发的新梢前段呈倾斜分布，后段呈水平分布。果穗着生在倾斜段，与操作者视线平齐或稍低，不必仰头作业，劳动强度大大降低，劳动效率有效提高。而普通“一”字形棚架，果穗悬挂在操作者头上，所以，果穗管理者必须仰头作业，劳动强度大而别扭（图8-9）。

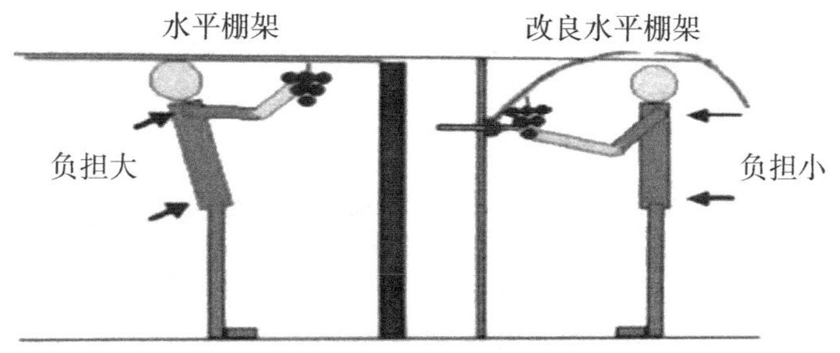

图8-9　改良水平棚架与普通水平棚架劳动比较

第三节 盆景栽培架形

盆景葡萄通过搭架，引导枝蔓合理占用空间，既可扩大结果区域，又能开展艺术造型。盆景的摆放场地多种多样，盆架的设计也应适应消费者在不同的室内外环境布置的需要。但因盆内栽培条件所限，葡萄主要以小株形为主。

一、独干架与圆锥形

盆中央直立一根1.2～1.5 m长的竹竿或金属杆，将葡萄主蔓引缚于主杆上，生长至杆高时摘心去顶，以后在主蔓上留3～5个健壮且带有花芽的新梢，在花前摘心去顶，控制树形成为圆锥形，冬剪时留2～3芽短截，逐年如此即为上小下大的圆锥形。

二、圆柱架与伞形

盆周边立4根1.2～1.5 m长的竹竿或金属杆，用铁丝弯成大小相等的圆圈固定在架顶，定植后选一条主蔓引缚，至架高时摘心去顶，从主蔓上选3～5个新梢均匀绑缚在顶端铁圈上，圈内副梢留一片叶反复摘心，圈外副梢摆匀后让其下垂生长，形成伞状树形。

三、三脚架与螺旋形

盆边立3根1.2～1.5 m长的竹竿或金属杆，在顶部捆绑在一起，形成三脚架。主蔓生长后顺架外侧引缚让其螺旋状上升到架顶，摘心去顶。主蔓上的新梢从不同方位呈螺旋状引缚向上，均匀布满架面，多余枝条及时疏去。

四、漏斗架与漏斗形

盆边立4～6根1.2～1.5 m长的竹竿或金属杆，全部向外侧倾斜，用铁丝弯成2个大小相宜的圆圈分别固定在架顶和中部，形成漏斗架式。选择3～4条新梢作主蔓，沿架面均匀绑缚上升，至架顶时摘心去顶，即成为外面实中间空的漏斗树形。

五、其他架式与树形

葡萄属于易造型果树，栽培者可根据不同形状的花盆和个人爱好，创新设计出各种葡萄造型盆景。如立架扇面形、提篮形、圆球形、悬崖垂吊形等。还可在盆内栽葡萄，盆外依据房屋设施、阳台平台整形作架，其形式有走廊式、立壁式、小棚架、龙干形等。

第九章　轻简化省工整形修剪技术

葡萄整形修剪包括夏季修剪和冬季修剪。

夏季修剪是设施栽培中最重要的工序环节，主要作用是调节葡萄养分的流向与分配，调整生长与结果的关系，控制新梢的徒长，促进花芽分化，使营养物质均衡分配于枝蔓和果实。其不仅促进当年产量和果实品质的提高，而且对翌年葡萄的健壮生长和优质丰产具有重要意义。夏季修剪包括除萌抹芽、定梢、扭梢、摘心剪梢、引梢绑缚、去卷须等。

冬季修剪是葡萄整形的重要措施，促使幼龄树早成形，成龄树保持丰产树形，控制与缓和极性生长，合理布置生长枝与结果枝，避免枝蔓光秃和过度延伸，防止结果部位过快上移，平衡树势，对衰弱枝蔓及时更新复壮，保持植株生长健壮，结果能力强，并延长植株寿命和结果年限，为葡萄优质、稳产打下基础。冬季修剪主要包括短截、疏剪、更新缩剪及枝蔓绑缚等。

第一节　幼树枝梢管理

葡萄植株在达到经济产量前统称幼树期。通常幼树期小树形整形1～2年，大树形整形2～3年，而超大树形整形还要延长。设施葡萄生育期延长，加大了幼树当年的生长量，加速了整形步伐，相对缩短了幼树期。

一、除萌蘖与定梢

葡萄嫁接苗定植后砧木部分萌发的新梢称为萌蘖，消耗营养，扰乱树形，

并影响嫁接苗的正常生长，甚至是嫁接苗死亡，应尽早彻底地去除。

定梢时，对嫁接苗嫁接口以上，以及扦插苗上发出的、长势不好的弱芽及双芽及时清除。选留位置好、饱满的1～2个芽发育成未来植株。为防意外，先期可留两个新梢，搭架后将不要的新梢再剪除，或经过摘心处理作为辅养枝，为树体补给营养，促进幼树生长。

除萌定梢时期为萌芽后新梢长至3～4片叶时，过早还会有新梢长出，过晚则新梢基部开始半木质化，用手抹除会撕裂皮层。

二、搭架引缚与除卷须

搭架引缚是利用支架和线丝固定、吊拉葡萄的新梢，使其由匍匐生长变为直立向上生长。葡萄生长过程中，保持新梢直立，能够有效促进生长，在温室栽培条件下，必须及时搭架与引缚，及早调节树势和枝势，为后期架式培养打好基础。另外，引缚还有理顺枝梢、整理架面、通风透光、减少病害发生的作用。

当定植苗木发芽生长，幼苗长到20～30 cm时，即将进入迅速生长阶段，开始搭架与引缚。搭架时在距苗木5～10 cm处插1根竹竿（双蔓整枝需2根竹竿），竹竿下端插入土壤，上端固定在架上，然后再将幼苗绑扎固定在竹竿上，使其顺着竹竿直立生长。一般每25～30 cm捆绑一道，确保树体始终处于竹竿的一侧，通常为阳面。温室内幼树搭架也可采用尼龙丝线悬吊，效果也不错，经济实惠。

幼树枝蔓超过架面最下一道丝线后，及时按照枝蔓在空间的位置、方向将其固定在丝线上，使枝蔓按照培养的目标树形，均匀合理地分布在架面上。

由于葡萄新梢非常幼嫩，在搭架引缚过程中要小心操作，严禁损伤新梢生长点，否则将阻碍主梢生长，操作时注意不要将叶片及叶柄捆绑。对于嫁接苗，结合引缚，当幼苗高度达到30 cm左右时，要解除嫁接口绑扎条，否则伴随苗木加粗生长，易导致苗茎上形成缢痕，严重时可折断苗茎。

葡萄卷须的原始功能是为了攀缘，人工栽培时已经失去作用，除无谓消耗树体营养外，乱卷滥缠还扰乱树形，给栽培管理带来不便。因此，在引缚新梢的同时，对新梢上发出的卷须要及时剪除。

三、新梢摘心与副梢管理

葡萄树体地上部分由主干、主蔓、结果枝组与结果母枝和新梢等构成。主干起支撑与输导作用，主蔓是结果枝组的载体兼发挥输导作用，结果枝组与结果母枝是用于结果的，萌发后的新梢有花序的称结果枝，无花序的称营养枝。新梢称主梢，主梢上夏芽发出的各级梢称为副梢，根据需要，主梢和副梢可继续培养成主蔓延长梢或结果枝。

（一）目的与作用

幼树新梢摘心与副梢管理的目的在于控制新梢无限生长，培养枝蔓，减少树体营养浪费，使营养成分有序集中于结果枝、营养枝、树干及根系内，促进树体加粗及延长生长，培养树体骨干，加速成形，促进枝梢木质化，为当年或次年结果奠定基础。

新植幼树第二年的结果能力，与上一年度枝蔓长度及粗度有正相关性，即枝蔓长、结果枝粗，结果能力强。因此，为了提早进入丰产期，必须加强摘心等综合管理。在规定时间内，虽然摘心越早对树体加粗及木质化越有利，但是，在温室内适当延迟摘心时间，可确保当年主梢、副梢生长和培养成结果母枝，节约时间，加速成形，定植后第二年很易达到经济产量。

（二）方法和技术要求

葡萄新梢摘心是掐去和剪去顶端嫩梢，又叫打顶尖。摘心的最佳部位为叶片正常大小的1/3～1/2处，否则将影响摘心效果，每次摘心全园要求统一进行，使树体发育均衡一致，便于管理。主梢摘心后副梢就会迅速发出，应及时进行副梢管理。

①对于小冠形树体如单臂篱架，常规情况下当年枝蔓生长量仅1～2 m，新梢摘心1～2次，形成独龙干，既是主蔓又是结果母枝，供次年结果。

②对“V”形篱架可采用以粗度定长度的“简化修剪法”。直径0.8～1 cm以上的主梢第一次摘心长度在130 cm左右，摘心后在第一道铁丝上水平绑缚。当年幼树营养蔓一次副梢留1片叶摘心，顶端2个新梢留3～5片叶反复摘心，以促进枝条成熟，提高越冬抗性。

③对单干双臂“Y”型整枝栽培架式，在苗木发芽后，留1个健壮新梢，培

育为一侧的主蔓。待新梢长到1.2～1.9 m时摘心，摘心后萌发的副梢，在距地面约80 cm处，选留1个健壮的培养成另一侧的主蔓，其余位于此副梢以下萌发的副梢全部抹除，此副梢以上者，除顶端1个留4～6片叶摘心外，其余均留1～2片叶摘心，以保证选留副梢健壮生长。待选留副梢长到1 m左右时摘心。2次副梢的摘心处理，除顶端留1个长到30 cm左右再摘心外，其余的一律留1片叶反复摘心，以促进枝蔓加粗生长和花芽分化。冬季修剪时，将副梢全部剪去，树形基本形成。

④对于小棚架整形，温室设施当年枝蔓生长量可达3～4 m，当年主梢可摘心2次。第一次摘心诱导副梢生长，培养副梢结果母枝或延长梢；第二次为延长梢摘心，次年实现早期丰产。

⑤对于大冠形树体如水平棚架，温室设施当年枝蔓生长量3～6 m，主梢往往需多次摘心，每次摘心对主梢高度或长度都有明确的要求。再通过对副梢适时摘心，加速当年树体成形。如“一”字形整形，当主干长到2 m时，在1.8 m处主梢摘心，摘心后1.8 m处发出的两个副梢一南一北平绑。平绑副梢生长1 m时摘心，其上发出的副梢留3片叶反复摘心，当年结果主蔓培养成型。主干部分的副梢可以留1片叶绝后摘心，但为了促进主干加粗生长，也可以前期留2～3片叶摘心，培养成过渡临时副梢，制造光合营养，在该副梢开始木质化前应1片叶不留贴根剪除，结束其过渡作用。

（三）摘心时期

葡萄幼树第一次摘心期，按不同架式和树形的苗高生长达到一定高度而定。在温室设施条件下，一般定植当年苗高达40～50 cm时，主梢进行第一次摘心，尔后及时做好二三次副梢的摘心工作，加速枝蔓粗生长。

葡萄最后一次强制摘心期，应根据各地气候条件，大田葡萄于早霜期来临前2个月，温室葡萄于降温休眠前1个月，强行开展最后一次摘心，即使树体高度或枝梢长度没有达到要求，需要下一年再继续培养，当年也要按时摘心。另外，葡萄品种不同，枝梢成熟速度不同，最后一次强制摘心时间也有所差异。如阳光玫瑰、克瑞森无核属于枝梢易成熟品种，在落叶休眠前60 d摘心；红地球属于枝梢难成熟品种，应在落叶休眠前80 d摘心。

生长季节，除了合理地开展新梢摘心与副梢管理外，通过水肥调控，预防徒长，也有利于幼树主梢木质化。

四、幼树冬季修剪

对幼树来讲，葡萄冬剪的目的和作用是提早成形，保障丰产。

冬剪时，根据当年树体生长势，修剪高度或枝梢长度按要求进行，1年生树冬剪时将水平主蔓延长，头剪留在直径1 cm，充分成熟木质化的饱满芽处；植株直径0.6 cm左右，高度在0.8 m以下的植株留3～5芽平茬修剪。独龙干或双龙干树形修剪高度为80～100 cm。棚架根据整形方式适度延长，培养成主干、主蔓及延长梢。

修剪操作中要求剪口平滑，且垂直枝条，剪口位置要求距离所留芽眼2～3 cm，防止伤害所留芽眼。修剪时期为葡萄完全进入休眠期，即正常生理落叶后至伤流前20 d左右。

第二节　结果树枝梢管理

结果树也叫成龄树，其树体骨架已经形成，枝梢管理内容多，因地因树因龄制宜，技术复杂，是葡萄抚育管理的重点。结果树枝梢管理主要包括抹芽定枝、新梢摘心与副梢处理、新梢绑缚和冬季短剪、疏除及更新复壮修剪等。

一、抹芽定枝

在温室栽培中，抹芽定枝的目的是调节树势，控制新梢花前生长量，减少树体储藏养分的消耗，使枝果合理分布，促进所留枝梢及花序的发育。

当新梢发育到5 cm左右，能够看清花序时抹芽。抹芽时抹除主蔓上萌发的隐芽、畸形芽、基部弱芽、位置不当或方向不好的双芽和病虫芽，经抹芽后留下的基本为含有花序的饱满芽体。

温室栽培新梢不受风折等损失，一般一次定枝即可。当新梢长到20～30 cm，能分清结果枝花序的好坏和发育新枝的生长势强弱时进行定枝。抹除弱芽梢、过强梢、徒长梢、无顶梢、密集的发育梢，使留下的新梢长势整齐、分布均衡。当新梢长到40 cm时，对定梢后留下的枝梢进行调整，并根据计划产

量来确定留梢数。定枝后，将保留的新梢等距离固定在架丝上，果穗处于同样的小气候环境中，且果穗之间不会互相摩擦而擦伤果面。

二、扭梢

温室栽培由于前期温度升高快，葡萄发芽往往不整齐，有的枝蔓顶部芽萌发长到20 cm时，下部芽才萌发。为了结果枝在开花前长短基本一致，当先萌动的芽新梢长到20 cm左右时，新梢基部半木质化后将基部扭一下，使其缓慢生长。这样，晚萌发的新梢经过15 d生长即可赶上。另外，在开花前对花序上部的新梢进行扭梢，可提高坐果率20%左右。

扭梢时用两手的拇指和食指分别捏住新梢基部的第二节和第三节，轻轻拧一下，使其受伤，使新梢生长变得平缓。扭梢不可过度，受伤太重时，会影响生长发育。

三、留梢数量与新梢分布

（一）留梢数量

定枝时留枝过多，导致架面过分密集，通风透光差，无效叶片多，影响果实的品质；过少则影响产量，使枝果生长发育失衡。温室栽培因品种不同，一般1㎡架面留11～15个新梢，留梢密度母蔓上每隔10～15 cm留一新梢，每亩留梢量为2800～3800条。单篱架、长势弱、叶片小、穗型小、抗病强的品种可适当留密些，双篱架、“V”形架、长势强、叶片大、穗型大、抗病弱的品种可适当留梢稀些。

（二）留枝原则

留枝遵循留壮枝去弱枝的原则。采用双枝更新的结果枝组，抹去上位枝上的无序枝，保留2～3个带花的壮枝，下位枝条尽量选留2个靠近基部的带花壮枝，如带花新梢都偏上，则在基部选留1个无花壮枝，在上部选1个带花新梢。采用单枝更新的结果枝组，首先在结果母枝基部选1个健壮新梢，带不带花序均可，作为下年的更新枝，其次再选留1～2个带花壮枝，用于结果。

（三）新梢分布

1.主蔓直立整枝，新梢与主蔓平行分布

单臂或双臂篱架，主蔓垂直地面。正常情况下，主蔓长80～100 cm，基部20 cm不留枝，其余部分选留均匀分布的新梢，蔓距100 cm留新梢6～8个，蔓距60 cm留新梢4～6个。其中，2/3是结果枝，1/3是营养枝。

目前，生产中采用主蔓直立整枝的篱架，留枝梢常常过多，一般多达30%～50%，枝梢杂乱无章，严重延迟浆果着色成熟，影响浆果品质，应引起注意。

2.主蔓水平整枝，新梢倾斜或垂直分布

单臂或双臂篱架，主蔓与地面保持水平，新梢垂直主蔓，与地面垂直或倾斜。单臂或双臂篱架单侧选留新梢5～6个/m，新梢长度1.2～1.5 m，通常都是结果枝，无营养枝，不杂乱。通过对结果枝组定向培养，基部通风带、中部结果带、上部叶幕光合带呈现，新梢接受光照均匀，果穗分布在一条线上，浆果着色、枝条成熟、花芽分化均较为一致，整形修剪简约。

3.主蔓水平整枝，新梢水平分布

对于水平棚架，主蔓水平，新梢从基部开始一直与主蔓呈垂直分布，即新梢与地面保持平行。正常情况下，单臂每侧选留新梢5～6个/m，新梢长度1.2～1.5 m，通常都是结果枝，不留营养枝。新梢长势均匀，果穗分布在一条线上，浆果大小、形状、着色、枝条粗细发育基本一致，非常有益于花芽分化。

对于改良式水平棚架，枝梢分布特点及数量与水平棚架相同。只是新梢从基部开始呈倾斜状态，后呈水平状态。而果穗分布在枝梢的倾斜部位，便于管理。

四、结果枝摘心与副梢处理

充足、健康的叶片是获得优质葡萄浆果的基础，评价一个葡萄园能否生产出优质果品，宏观看叶幕，微观看果实。而新梢摘心与副梢处理的目的就在于营造良好的叶幕，集中营养保障坐果与促进浆果发育。主梢摘心后，必须紧跟副梢处理。

（一）主梢摘心

一般来说，温室成龄葡萄主梢每年都需要三次摘心，摘心时间与方法因品种、架式有所差别。

第一次摘心时间按照品种的坐果率高低确定。对于坐果率高的品种如红地球等，花前不摘心，可以在花后10～15 d摘心，否则坐果过多。对于坐果率较低的品种，在花前2～3 d摘心，提高坐果率。对于坐果率非常低的品种，可以在花前2～3 d仅留1～2片叶重摘心，能有效提高坐果率。对于坐果率极低的品种，也可以在花前2～3 d摘心，配合植物生长调节剂辅助处理来提高坐果率。

第二次摘心应根据长势情况确定。一般在开花后7～10 d，当顶端萌发的副梢生长到5～6片叶时，保留4叶摘心，摘心后枝条上有10～12片功能叶片。

第三次剪梢摘心在果实进入硬核期时，把枝条从第三道钢丝处折断，使枝条下垂生长，每个枝条有20片左右的功能叶片时，剪去生长点。

经过三次摘心后，葡萄新梢长度以120～150 cm为宜，每个枝条结1个果穗（重500～750 g），不留营养枝，光合营养完全可以满足结果所需。

（二）副梢处理

葡萄叶片的光合效能根据叶龄的变化差异很大，通常葡萄在展叶40 d左右光合作用达到高峰，然后便逐渐下降，展叶60 d后，老叶片的光合功能仅是新梢叶片的1/3。副梢节间相对短，承载叶片多，单片叶面积小，厚度大，而光合功能强大，是浆果后期发育能量主要来源。为此，可利用不断长出的副梢叶片来满足生长发育需求。适时有效增加副梢，培养新叶片，能有效促进果实增大、着色成熟，提高糖度，改善风味及提高浆果耐运输性等。枝梢管理过程中若不留副梢，即“绝后摘心”，或副梢叶片留得很少，往往导致后期叶片光合能量不足，造成浆果不能如期着色，品质降低。

葡萄新梢叶腋间的夏芽成熟期很短，出现后数天萌发成夏芽副梢，除果穗以下的副梢全部抹除外，果穗附近及以上的副梢，为了不断培养新叶片，通常新梢摘心之后一级副梢留2～4片叶摘心延长，其后二级副梢或多级副梢，每次留1～2片叶反复摘心。这样做效果好，但很费工。可采用简约方式，即摘心后萌发的新梢，除了保留顶端的1个副梢外，其余全部从基部抹除，顶端副梢长到6～8片叶时再次摘心，二级副稍留2～4片摘心，三级副梢从基部抹除。

五、营养枝摘心和副梢处理

葡萄营养枝一般比结果枝要多，理想的数量是高出一倍，即一个结果枝配两个营养枝。营养枝不强调花前摘心，营养枝摘心可在花期或花后进行，但时间越早越好，只要枝条上叶片数量达到摘心标准，即可摘心。可依据下列情况分别对待，分时期摘心：

①对准备培养为主蔓、侧蔓的营养枝，当其长度达到需要分枝的部位时即可摘心，以利于摘心口下的副梢适应整形要求；

②对结果母枝上的营养枝，当其生长过旺，影响到附近的结果枝生长时，可进行不同程度的摘心，以控制其生长；

③对准备留作下一年结果母枝用的一般营养枝，不进行早期摘心，而让其自由生长，当生长过长或架面无法容纳时，才对其摘心，以限制延长生长。同时，促进留下枝芽的健壮充实。

④对替换短枝或预备枝上长出的新梢，无论结果与否，尽量不摘心或晚摘心，即尽量让其生长，以培养供下年用的优良结果母枝。

⑤对于冬芽不易萌发的品种，新梢只要不超过架面，就不需要摘心，其上的副梢在2叶以前从基部抹除即可。只有当新梢生长超过架面后再进行摘心，摘心后保留顶端的1个副梢任其生长，秋季后从基部抹除。

营养枝一般留8～10片叶摘心，摘心后出现的夏芽副梢，除顶端一个副梢适当长放外，其他副梢一般留2～3片叶摘心，对二次副梢只保留顶端一个，其余的全部去除。

六、枝蔓与新梢引缚

葡萄的枝蔓管理中，一直有“三分靠修剪，七分靠绑蔓”的说法，这说明了葡萄枝蔓引缚的重要性。

（一）枝蔓引缚

葡萄枝蔓引缚的目的在于保证其在架面合理分布。葡萄新梢着生在主蔓上，欲固定新梢必先固定主蔓。绑蔓时要注意使枝蔓在架面上均匀分布，保持各枝蔓间距大致相等，一般同侧20～25 cm，以避免枝蔓的交叉、重叠、密集。绑缚

采用十字形引缚，最好用柔软不易伤树的尼龙绳等材料。西北地区设施葡萄栽培冬季不下架，多年生枝蔓不必每年绑缚固定。因此，绑缚既要绑扎牢固，又要留足其生长空间。

（二）新梢绑缚

新梢的绑缚一般在新梢生长到40～50 cm时进行，大多数新梢需要绑缚2次或更多，加之新梢数量多，使绑缚工作量较大。以往新梢绑缚以手工操作为主，材料一般选用塑料绳、塑料条、包塑铁丝等。目前运用的葡萄绑蔓卡比塑料绳、塑料条等省工省时，可多年利用，经济实惠。除了传统的手工引缚方法外，推广应用的绑蔓机、绑梢器等小型工具，效率是传统人工的5倍左右。

葡萄新梢引缚方向按架式有直立、倾斜和水平三种方式。葡萄枝条呈水平状态对花芽分化有利，因此，对于水平棚架设计的应尽早在花前引缚；篱架设计，枝条呈直立或倾斜状态的应在花后及时引缚。在绑新梢时，不能绑得太死，因为新梢还在生长，绑太死不利于新梢生长。

七、结果树冬季修剪

温室葡萄的冬季修剪，总的原则是以短剪为主，长剪为辅，疏去失去作用的无用枝，除主蔓延长枝根据架面的需要适当长剪外，对其他的结果母枝一律采用短剪。

（一）常规修剪方法

1.修剪时间

设施葡萄栽培越冬不下架，冬季修剪在落叶后至升温伤流前15 d均可。为了缓解修剪压力，修剪通常分两次完成。第一次粗剪，时间持续很长，一般从落叶后1周开始到萌芽前止，为防止枝芽冬季抽干，所有枝条都留8～10个芽进行长梢修剪，可由机械完成。第二次精剪，在伤流期前进行，每个枝条按照需要进行人工精细修剪。

2.修剪方法

常用的冬剪方法有短截、疏剪和缩剪等。其中短截又分为极短梢修剪（留1个芽或留隐芽）、短梢修剪（留2～3个芽）、中梢修剪（留4～6个芽）、长梢修剪（留7～11个芽）、超长梢修剪（留12个芽以上）。

对于一个温室的葡萄采取哪种修剪方法应取决于品种特点、地域及设施栽培类型等，因为不同地域及不同设施类型，环境因素变化很大，修剪后的效应不同。一般在生产操作中，同一植株上，几种截留长度都有。

（1）极短梢修剪

极短梢修剪仅留基芽。基芽萌发形成的新梢一般无花序，为此多在更新时使用。但也有基芽成花率很高的品种，如欧美杂交品种，花芽着生节位低，采用极短梢修剪，每30 cm培养一个结果枝组，留1～3个芽短截，简称“130”冬季修剪。

（2）短梢修剪

短梢修剪留2～3个芽。短梢修剪规律性强，操作简单，棚架“一”字形或“H”形、篱架“V”形等多采用短梢修剪。

结果树树体已经形成主干、主蔓、结果枝组和结果母枝，需每年对结果枝进行短梢修剪培养成新的结果枝组，供下一年结果，如此年复一年循环往复。短梢修剪期间不得更改成中长梢修剪，否则结果枝组将外移，对枝梢及果穗管理不利。随树龄增加，结果枝组少量外移是正常的，但应通过更新修剪尽量将结果枝组控制在离主干最近的位置。

结果母枝留枝芽量确定时，按照不同栽培品种的花芽分化能力确定。花芽分化好，每个枝组选留1枝1芽即可，称为单枝枝组；花芽分化差，每个枝组选留2枝1芽（或2枝2芽），称为双枝枝组；为了弥补产量之不足，有时单枝枝组与双枝枝组混合使用，1芽与2芽混合使用。

（3）中梢修剪

温室栽培的许多葡萄品种要求中、短梢结合修剪。因此，在保证产量的基础上，尽量采用短梢和中梢结合修剪，使架面留芽量保持在13～18个/㎡，结果枝量为10～15个/㎡。

（4）中长梢修剪

中长梢修剪剪留4芽以上。对于成龄树，其主要在克服花芽分化差时采用。促早栽培时升温早，设施环境光照弱、温度低及休眠没有得到充分满足等原因，常常表现出花芽分化节位提高或花芽分化差的现象，为了满足产量的需求，需要中长梢修剪，多留芽，以便次年多萌发出枝条，然后根据花序有无及花序质量等来定枝条，确保稳产。花芽着生节位高的欧亚品种采用中长梢修剪，同时

在主干附近选留2个枝短截，作为下一年结果母枝的培养。

采用中长梢修剪时结果部位外移是必然的。克服或延缓方法有：对树体适时回缩更新，选用下部枝条中长梢修剪结果，并每年对枝条进行水平绑缚，延缓结果部位外移，使树体结果部位高度一致；每年将树体枝蔓下压并交叉引缚扩大空间，保证结果枝组还保留在原来的高度，使树体结果部位高度一致，实际树体延长外移了，但视觉结果位置没有外移；采用超长梢修剪，每年将超长梢反复绑缚在结果主蔓上，也造成视觉结果部位没有外移。这种方法对于花芽分化节位提高的品种是非常适宜的。

（二）特殊修剪方法

花芽分化差的温室设施环境或树枝处于幼树阶段，往往需要多留芽来弥补花芽分化差、花序少的不足。具体方法有：

1.多留枝蔓

常规情况下，单蔓花序数量够时，实行单蔓管理；不够时通过培养多枝蔓获得更多结果枝条来稳定产量。

2.长梢修剪多留枝条，水平绑缚于主蔓

常规情况下，花芽分化良好，短梢修剪可获得正常的产量。但当花芽分化条件差时，为了确保产量，需要适度选留健壮枝条作为更新枝而适当长梢修剪，然后将长梢绑缚在主蔓上，枝蔓可重叠，从而诱导多萌发新梢，增加花序发生概率，根据需要任意选择使用新梢。具体做法为：首先，选择相邻的2个枝条短梢修剪（1～2芽），对相邻的第3个枝条开展中长梢修剪（4～6芽），并绑缚于主蔓上变成长结果母枝，这个结果母枝结果后形成枝蔓；秋季修剪时，对这个枝蔓选留基部1个梢（短梢修剪）短截，防止结果部位外移。其次，从2个短梢修剪后结果的枝条中选择第1个枝条再进行中长梢修剪，相邻的2个枝条再依次短梢修剪，如此每年循环进行。生产中根据上一年植株花序多少，判断下一年长梢与短梢修剪的比例。

（三）温室葡萄结果母枝的更新

温室葡萄结果母枝的更新主要采用单枝更新和双枝更新。

1.单枝更新

在一个枝条上同时培养结果枝和预备枝，修剪时不另留预备枝。方法是对

结果母枝采用中梢或短梢修剪，春季萌芽后，让结果母枝上部抽生的枝条结果，而将靠近基部抽生的枝条疏去花序培养成预备枝，冬剪时去掉上部已经结过果的枝条，而将基部发育好的预备枝作为结果母枝，以后每年均按此种方法修剪，始终在一个枝条上进行更新（图9-1）。

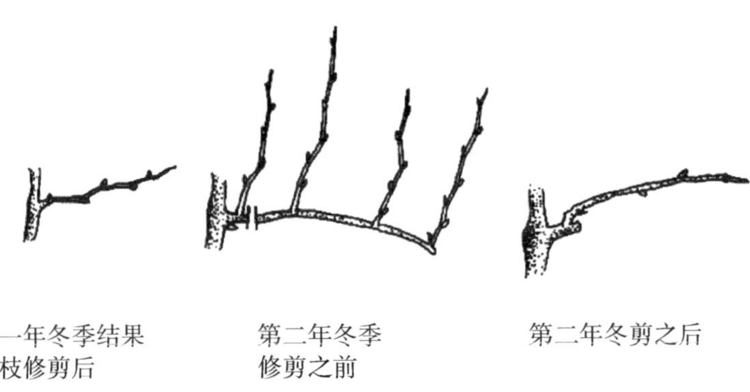

第一年冬季结果母枝修剪后　　第二年冬季修剪之前　　第二年冬剪之后

图9-1　葡萄单枝更新示意图

2.双枝更新

双枝更新是留预备枝的修剪法，即在一个枝组上选择两个相近的一年生枝为一组，上部健壮的枝条留4～5芽，进行中梢修剪，留作结果母枝，而对下部枝只留2～3芽进行短剪，作为预备枝。留预备枝的目的不是让其结果，而是让其抽生健壮的发育枝，作为来年的结果母枝，待下年冬剪时，把上面已经结果的枝条从基部剪去，而对预备枝上的2个枝条，上部枝条作为结果母枝留4～5个芽修剪，而下部枝条仍留2～3芽短截，作为预备枝，以后每年均如此进行修剪（图9-2）。

（四）冬季修剪步骤

葡萄冬季修剪的步骤有看、疏、剪、查、绑五步法，即看品种、看树龄、看树势、看树形、看架式、看芽眼、看枝蔓等，确定修剪量及修剪标准，疏除病虫蔓、细弱蔓、过密蔓、位置不当及失去作用的枝蔓，将已保留下的结果母蔓或更新蔓短剪，检查已修剪的树是否有漏剪、错剪的情况，并及时纠正补剪，对枝蔓方向进行调整后加固绑缚。

图9-2　葡萄双枝更新示意图

八、葡萄枝蔓老皮的清除

葡萄枝蔓逐年加粗生长，在韧皮部形成层每年会向外分生一层新皮，外层老皮枯死，新皮与老皮之间产生离层，在外力作用下老皮可脱落。如果老皮没有脱落，会逐年叠加形成一层厚厚的枯死老皮，由于这层老皮是腐朽的有机物，且其上面布满大小不规整的裂缝，昆虫、微生物会在此裂缝中产卵越冬、栖息繁殖，因此有必要及时将老皮清除。

葡萄枝蔓老树皮清除工作一般在隔年春季开展。清除枝蔓老皮按先主干，后主蔓，再结果枝组的顺序进行。

除传统的人工清除老树皮方法外，高压泵水流冲击也可将老树皮清除，清除时不能使用锐器损伤内层树皮。清除的老树皮要集中进行灭菌、灭虫处理。

九、老蔓更新方法

各种不同的整形方法生长到一定时期老蔓就易形成局部衰弱和空秃，必须进行不同程度的更新以充实空秃部位和复壮生长势。因更新部位和程度不同，又分小更新、中更新和大更新三种。小更新为主蔓和侧蔓前段的更新，中更新在主蔓的中段和大侧蔓近基部进行的更新，大更新则为剪去主蔓的大部或全部的更新。主要更新方法有以下几种：

（一）平茬更新法

平茬更新是对老化衰弱和空秃的骨干枝蔓基部进行短截，迫使树体基部冬芽萌发，培养成新的枝蔓的更新方式。其主要用于篱架、单蔓或双蔓等短枝老蔓更新，不适合棚架等长蔓整枝方式。

1.迫使枝蔓上的潜伏芽萌发更新

迫使枝蔓上的潜伏芽萌发更新也称为平茬短截更新。为了不影响当年收益，实现经济效益最大化，可对计划平茬更新的设施葡萄促早栽培，浆果于6月上旬前尽早采收，采收后留出10～20 d恢复树势（便于萌芽整齐健壮），然后平茬更新，使其发出的新梢在7～8月份经过高温、长日照促进枝条充实，分化花芽，确保第2年产量。

枝蔓平茬短截高度，扦插苗为距地面20 cm左右，嫁接苗在嫁接口上部10～20 cm处。枝蔓上的潜伏芽萌发后，选留1～2个健壮新梢，培养成新的植株进行生产。该方法优点是：新植株长势旺，整齐；缺点是平茬后萌芽较晚，植株偶尔表现出徒长现象，应控制肥水，或多留新梢分流营养，多出的新梢，可以直接用于结果，也可在修剪时疏掉。

2.诱导当年基部枝条绿枝芽萌发

日光温室葡萄生产前期，在基部接近地面处，嫁接苗在嫁接口上部10～20 cm处选留1个新梢，每延伸2片叶不断摘心，延缓其生长，由于副梢不断萌发，可推迟该枝梢木质化进程，平茬更新时在该枝梢基部尚未木质化处平茬，诱导没有休眠的芽迅速萌发，培养成新植株。该方法优点是萌芽早，一般需要7 d左右，对采收晚的品种或设施有益；缺点是结果部位容易上移，树势相对易减弱，需加强管理。

（二）缠绕更新法

选留从基部萌发的健壮萌蘖1～2枝，将其副梢全部抹去，并于9月中下旬进行主枝摘心，使其发育成熟好。新蔓均匀地绕在预备更新的老蔓上，这样形成“藤绕蔓”的形式共存2～3年。在共存期间，老蔓上多留果、少留枝，减少遮阳；新蔓上多留枝、少留果，交叉留果。等新蔓培养起来后，再将需要更新的主蔓锯成几段从新蔓中抽出去，完成老蔓更新工作。其主要用于棚架葡萄老蔓更新。

（三）上下错位交替更新法

第一年将老蔓正常上架面，选留从基部萌发的健壮萌蘖1～2枝，使其自然

上架，其副梢全部抹去，并于9月中下旬进行主枝摘心，使其发育成熟。第二年春不砍去老蔓，把新蔓引上架面，让其生长，并按常规管理，重点培养结果枝组，不留果，多留枝；再把老蔓放在架面下生长结果，多留果，不留枝。第二年秋季将老蔓砍去，完成老蔓更新工作。这种方法可用于棚架葡萄老蔓更新。

（四）压条更新法

某些特定的葡萄墩，根部没有抽生萌蘖，可以采用压条法进行更新。具体方法是：葡萄浇头水或二水前，在没有萌蘖的葡萄墩附近挖1个30 cm的坑，从这墩葡萄的旁边将用于更新的蔓拉过来，弯曲一部分压在挖好的坑中，埋好土，留出主蔓延长头，注意培养，可采用牵引、抹副梢、摘心等方法，至第2年秋季埋墩时，将压的老蔓与其主根分离开，砍去需要更新的老蔓，即完成了更新工作。

第十章　轻简化花果管理

葡萄生产的最终目的是获得优质的浆果，因此要进行花序疏除、整形、生长调节剂处理、疏果和整理、果穗套袋等细致的花果管理，提升果穗外观品质，并通过科学采收与包装，最终达到控产、提质、增效的目的。

第一节　疏花序与控产

疏花序是根据树势、枝条长势及产量要求疏除过多的花序，是节省营养、提高坐果率和改善果实质量，调节葡萄产量，达到植株合理负载及提高品质的关键性技术之一。

一、花序分布特点与影响花序发育的因素

葡萄品种根据其来源的不同，花序分布存在很大的差异，这是由其遗传性所决定的，有些品种花芽分化良好，通常每个枝条有2～3个花序，而有些品种每个枝条平均只有0.3～0.4个花序。同时，环境条件如光照、温度、水分等，以及上年的产量、抚育管理因素对花序形成也有重要影响。

二、疏花序时间

疏花序在定枝后马上开展，温室葡萄一般在开花前一周完成。对生长偏弱、坐果较好的品种如红地球等，原则上应尽早疏去多余花序，通常在新梢能明显分辨出花序多少、大小的时候一次进行，以节省养分。对落花落果严重的品种

应分两次完成，第一次在能分辨出花序多少、大小的时候进行，但要多预留30%左右的花序。第二次在花后15～20 d，果粒黄豆粒大小，能够确定坐果效果时与疏果同时进行，将坐果不好、多预留部分果穗疏去。

三、疏花序方法

设施类型、栽培方向、品种特点、树龄及树势等影响单位面积产量指标，然后把产量分解到单株或单位面积架面上，再进行疏花序。疏花序应考虑以下方面的因素和顺序：

（一）新梢强弱

一般对果穗重400 g以上的大果粒品种，原则上细弱枝不留花序，中庸和强壮枝各留1个花序。个别空间较大、枝条稀疏、强壮的枝可留2个花序。小果粒品种可适当多留，但不要全部留两穗，可隔1～2个叶片留两穗。留穗数量大体可按照每500 g果实需有30～40个叶片的比例确定。按照“留低去高，留好去劣，留大去小”的原则，疏除多余的花序。

（二）新梢位置

主蔓下部离地面较近的低位枝、主侧蔓延长枝，结果枝组中距主蔓近的下一年留作更新预备蔓上的花序疏除。

（三）花序着生位置

与架面铁线或与枝蔓及叶柄等交叉的花序，同一结果新梢的上位花序疏除。

（四）花序大小与质量

畸形花序、伤病花序、小花序等全部疏除。

四、控产

要想获得优质浆果，必须严格控制产量。比如常用的“Y”型架3年生以上强旺树，单株留5～8穗，产量控制在4～6 kg；3年生以上长势弱的树，单株留4～5穗，产量控制在2.5 kg以内。2年生亩生产量控制在500～1000 kg，3年后进入盛果期，亩产量可控制在1500～2000 kg。如果进行高品质果品生产，每亩产量应控制在1000 kg左右，实现优质优价。目前，由于我国市场实现不了优质

优价，致使西北地区大多数设施葡萄栽培对控产提质做得不好，还是简单地以产量论英雄，亩产甚至达2000 kg以上。而日本对不同品种、不同的栽培方式已经有比较明确的产量标准，值得参考（表10-1）。

表10-1 日本长野县葡萄疏花序标准

品种	每1000 m^2产量/t	穗重/g	每1000 m^2果穗数/个
巨峰(露地)	1.5	400	3750
巨峰(温室)	1.4	350～400	3500～4000
先锋(无核化)	1.5	450～500	3500
玫瑰露(无核化)	1.5	110～150	10000～13600
奈格拉(Niagara)	2.0	250	8000

第二节 花序整形与疏果

一、花序整形

花序整形的主要目的是控制穗重和完善穗形，使果粒大小整齐，穗形美观，便于采收包装、运输及销售。生产中不同品种果穗重量标准不同，形态差异也大，通常把耐运输的品种如红地球、克瑞森无核整理成松散型，把不耐运输的品种整理成紧凑型。

（一）分枝松散型

开花前5～7 d，花序长10～15 cm时，做好顺穗，根据穗的大小，先行掐去全穗长1/5～1/4的穗尖（图10-1），初花期剪去过大过长的副穗和歧肩。当80%的花开后，掐去穗尖尚未开花的花蕾部分。然后根据穗重指标，结合花序轴上各分枝情况，可以采取长的剪短、紧的“隔2去1”（图10-2），即从花序基部向前端每间隔2个分枝剪去一个分枝，疏减果粒，使果穗呈倒梯形。对于坐果率高、果穗紧的大果穗品种如红地球等，应在去掉副穗和花序基部的3～4节后每隔2～3节去掉一节支梗，以避免坐果后果穗过紧。

图10-1　掐穗尖去副穗

图10-2　隔2去1疏除法

（二）紧凑型

紧凑型主要在耐运输能力较差的品种中应用，是一种被动措施。

1. 自然紧凑型

对于自然坐果较好的品种，果穗能依靠自然坐果发育成紧凑型。花序整形时，在初花期先掐去全穗长1/5～1/4的穗尖，再剪去副穗和歧肩，最后从上部剪掉3～6个花序大分枝，尽量保留中下部小分枝，使果穗紧凑密实，达到要求的短圆锥形或圆柱形标准。

2. 植物生长调节剂诱导紧凑型

对于自然坐果较差的葡萄品种，如夏黑、阳光玫瑰等，果穗需要依赖植物生长调节剂处理诱导成紧凑型。具体方法为：在初花期仅保留花序顶端3～4 cm整形，植物生长调节剂处理结束后再通过疏粒调整穗重，将果穗重控制在500～750 g。

二、疏果和整理果穗

（一）疏果时间

葡萄疏果粒一般分2次进行：第一次在花后2～4周，果粒似黄豆粒大小时，与疏果穗工作结合起来进行，疏除畸形果、病果、稠密果，每个小副枝上留

1～2粒果，其他的一律疏除。第二次在果实套袋前，疏掉畸形果、小僵果和病果以及过密部位的果粒，确定每穗的最终果粒数。越早疏果对浆果膨大越有益。

（二）疏果标准与方法

疏果要求为紧而不挤、疏而不散，果粒均匀分布，所保留的果粒能形成一个比较美观的穗形。疏果采用小剪刀仔细地疏剪去要淘汰的果粒，从果梗基部剪去，在主果梗上尽量不留桩，果穗看上去没有人工雕刻的痕迹。果穗要求单层果，每个浆果充分见光，使其色泽发育一致，有利于浆果膨大，提高商品质量。一般疏后大穗保留80粒、中穗保留60～70粒、小穗保留40～50粒。

（三）整理果穗

整理果穗主要包括顺穗、摇穗和拿穗，可结合疏果一次进行。顺穗是把搁置在铁丝或枝蔓上的果穗理顺在棚架下面或篱架有空间的位置。顺穗的同时，将果穗轻轻摇晃几下，摇落干枯和受精不良的小粒。以下午顺穗、摇穗最为适宜，此时穗梗柔软，不易折断。拿穗是把果穗上交叉的分枝分开，使各分枝和各果粒之间都有一定的顺序和空隙，有利于果粒的发育和膨大，对穗大而果粒着生紧密的品种作用明显。

三、省工高效的葡萄花果整形技巧

葡萄疏果只能通过人工，且疏果时期正好与夏忙季节重叠，常出现用工紧张的问题，往往不能按时按标准完成，造成结果超载、消耗养分，也会导致果粒大小不一、穗形不整齐、果实着色困难、成熟期不一致、品质下降等一系列问题。另外，有些品种果穗果粒着生紧密，没有空隙，常令管理人员束手无策，甚至采用手抠、手揪的原始方式疏果，功效低，效果差。经过葡萄栽培者的探索实践，总结提出了以下省工高效疏花疏果工序和技巧。

1.疏果要与花序整形结合

“疏果不如疏花”。葡萄花期疏花，只要疏除小穗，操作比较容易，一般疏花穗后疏果量减少，所以疏果一定要与花序整形配合进行，这样可以达到事半功倍、釜底抽薪的效果。但由于花序整形具有提高坐果的作用，而修整花序时间越早、修整后花序越短则果穗坐果越紧。因此，对因坐果多而增加疏果难度的品种，疏花时间可适当晚些，或在花谢后再进行花序修整。修整花序的长度

一定按照合理的整穗长度进行，这样果穗才会松紧适中。

2.疏果要与拉长花序相结合

花序拉长可使果穗松散，有利于疏果。拉长花序有药剂拉花法和肥水管理拉花法。药剂拉花效果快，相对安全，一般在果穗从叶片中脱出来至开花前10 d进行，常用的药剂有赤霉素、碧护、诱抗素等，其中使用较多的是赤霉素。坐果后果粒较紧密的品种，如夏黑、早夏无核、金星无核、无核白鸡心、早熟红无核等可于花前10～15 d，即花序分离期，果穗长度在7～15 cm时拉长花序。

3.栽培措施减少坐果

花前摘心有利于提高坐果，但对于坐果率高的品种，以及需要进行保果处理的品种，完全没必要再提高坐果率了，可以花前不摘心，甚至直到生理落果后再进行摘心，这就减少了坐果量，有利于疏果。对于坐果率极高的品种，如红宝石无核、早熟红无核等也可以采取花期浇水的措施促进落花落蕾，降低疏果工作量。

4.保果要适时适量

其实，带来疏果压力的葡萄品种主要是那些自身坐果差、需要使用植物生长调节剂保花保果的品种，如巨峰、户太8号、夏黑、阳光玫瑰等，保果处理后提高了坐果率，但也会增加疏果难度。所以，适时、适量保果是解决大量疏果用工的关键环节。保果处理时根据花穗开花早晚不同，分批分次进行处理。无核处理最好在花盛开后处理，保果处理最好在花谢后3～4 d已有少量果粒脱落时处理。

5.疏果越早越好

疏果最好在果实绿豆大小时进行1次疏果，这时也可叫二次整形，主要是将过长、过密的分枝剪短或剃掉，剪留单层果粒，将扭曲的穗尖或大小粒等用疏果剪修整，使果穗呈柱状。之后，在果粒大小似黄豆粒大小时进行全面疏果。对大多数品种而言，在坐果稳定后越早进行疏粒越好，不仅疏果省力，而且能充分增大果粒。

第三节　植物生长调节剂处理

植物生长调节剂可解决葡萄栽培中一些其他手段难以解决的问题，运用比较广泛，如阳光玫瑰、夏黑等葡萄品种对植物生长调节剂有必需性，不得不用。但植物生长调节剂使用也有诸多弊端，绝对不可滥用。因此，生产中要针对其专业性强、使用效果受多种因素影响的特性，科学正确地使用，以达到最佳效果。

一、应用范围

植物生长调节剂主要用于葡萄控制生长、拉长花序、调节坐果、诱导无核、促进果粒增大和着色、延长或打破休眠、诱导生根等方面。

二、常用植物生长调节剂种类

葡萄生产中，植物生长调节剂有生长素、赤霉素、细胞分裂素、乙烯、脱落酸、油菜素甾醇六大类。但常用的主要有赤霉素（GA_3）、吡效隆（CPPU）、多效唑（PPP333）、矮壮素（CCC）等，其成品制剂更是多种多样。如膨大剂、劲娃、大果素、果美灵、单氰胺等，由一种或者几种植物激素按照不同的比例混合在一起，也有葡萄各品种通用和某一品种专用，须按照有效成分对症使用。

三、植物生长调节剂处理工具

葡萄植物生长调节剂处理一定要有专用工具，如塑料杯、小型喷雾器、笔刷等，且尽量避开金属材料。同时，各工具不能交叉用于不同的生长调节剂。工具使用后洗净晾干，可于下次同类生长调节剂使用。

四、处理时间与浓度

植物生长调节剂的使用效果受气候条件、施药时间、用药量、施药方法、施药部位以及葡萄品种等多种因素的影响。其中最主要的是时间与浓度，要根据处理目的不同选择处理时间。以拉长花序和疏果为目的，应在花前处理；以

提高坐果和诱导无核为目的，应在盛花期或盛花末期处理；以果实膨大为目的，应在花后10 d左右处理（表10-2）。

表10-2 常见葡萄品种果实无核化和果实膨大处理方案

品种	拉穗		保果		膨大	
	时期	方法	时期	方法	时期	方法
阳光玫瑰	不处理		花满开后0～2 d	阳光玫瑰葡萄专用无核大果调节剂调理产品DBY（4 g/袋）1袋兑水8～9 kg	果实膨大期（第1次处理后12～15 d）	阳光玫瑰专用赤霉酸1袋（10 mL）兑水20 kg+3 mg/L氯吡苯脲，均匀浸蘸果穗
精品栽培夏黑无核早夏无核	果穗长度10～14 cm	葡果丰每袋（4 g）兑水10 kg	不处理		谢花后5～10 d	精品夏黑专用赤霉酸1袋（10 mL）兑水15 kg，均匀浸蘸果穗
常规栽培夏黑无核早夏无核	穗长8～12 cm	1包奇宝兑40 kg水+洗洁精40 mL	见花后6～10 d（花满开至落果前）	赤霉酸1袋（5 mL）兑水15 kg，均匀浸蘸果穗	果实膨大初期（见花第22～24 d）	赤霉酸1袋（5 mL）兑水8 kg，均匀浸蘸果穗
巨峰、京亚无核栽培	不处理		花满开后0～3 d	噻苯隆1袋15 g兑水8 kg，均匀浸蘸果穗	果实膨大初期（见花第22～24 d）	噻苯隆1袋15 g兑水8 kg，均匀浸蘸果穗
巨玫瑰、醉金香、早霞玫瑰无核栽培	不处理		花满开后0～3 d	DBY（4 g/袋）1袋兑水8～9 kg	不处理	

续表10-2

品种	拉穗		保果		膨大	
	时期	方法	时期	方法	时期	方法
巨峰、京亚、醉金香等有核栽培	不处理		花谢后3～4 d(生理落果初期)	噻苯隆1袋15 g兑水8 kg,均匀浸蘸果穗	不处理	
藤稔葡萄	不处理		花谢后3～4 d(生理落果初期)	噻苯隆1袋15 g兑水8 kg,均匀浸蘸果穗	果实膨大初期(保果后12～14 d)	噻苯隆1袋15 g兑水5 kg,均匀浸蘸果穗
红地球	不处理		不处理		果粒横径14～18 mm(花后20 d)	红提大宝(A+B)每套兑水12 kg,浸蘸果穗
圣诞玫瑰、维多利亚	不处理		不处理		膨果期(见花30～35 d)	红提大宝(A+B)每套兑水12 kg,浸蘸果穗
克瑞森无核	穗长8～12 mm	1包奇宝兑水30 kg+洗洁精30 mL	不处理		果粒有黄豆粒大小时	红提大宝(A+B)每套兑水12 kg,浸蘸果穗
A09(紫脆)、A17(紫甜)	不处理		花满开后0～3 d	每袋(4 g)兑水10 kg	果实膨大初期(见花第22～24 d)	赤霉酸1袋(5 mL)兑水8 kg,均匀浸蘸果穗

对于种类繁多的植物生长调节剂成品制剂，购买使用前要认真研读产品说明书，了解有效成分、作用和使用范围，严格按照说明书提供的配比浓度、时间次数等使用方法，规范操作使用。对于过去未曾使用的新产品，应先在小范围试验的基础上再大面积推广，并注意不要使用来路不明或非正规厂家的“三无”产品，以免造成意外损失。

第四节　果穗套袋

葡萄套袋可保护果穗，为浆果生长发育提供良好环境。

一、果穗套袋作用

①降低农药污染和残留，提高食用安全性。

②避免灰尘污染和机械磨损，保持果面洁净，提高商品性状。

③防止病害浸染，预防虫害、鸟害、沙尘等外界危害侵袭，达到优质稳产的目的。

④改善果面微气候环境，促进果粒均匀着色，最终提高外观品质。

⑤提高储运性，增加经济效益。

二、套袋种类

葡萄果袋是专业企业生产的不同材质袋，一般有纸质袋、塑料袋、无纺布袋和透气袋。套袋纸质性质、材料及颜色等具有不同的作用，对浆果色泽也有不同的影响。因此，要根据品种特点和果穗大小，选用相应规格和材质的套袋。如红地球葡萄应选择专用的纯白色涂蜡、有透气孔果袋；阳光玫瑰选择绿色果袋，浆果亮丽青绿，选择白色果袋，果皮金黄；巨峰系品种，对果袋透光率要求较低，一般木浆纸袋均可适用；欧亚种葡萄着色时需要大量直射光，应选透光率较好的果袋。温室大棚和避雨栽培，光照强度减弱，影响果实着色，但日灼较轻，风、鸟基本不危害，选用果袋应选择质薄透光度较好的果袋。目前市场上有专用的红地球袋、阳光玫瑰等品种袋，可直接对口选用。

三、果穗套袋技术

套袋时期在浆果基本能见到果粉时开始，不宜过早，也不要过晚。套袋时要剪除小果、病果、畸形果。全温室灌一次透水，提高地面湿度，然后用低浓度多菌灵全园喷一次或只对葡萄果穗进行喷洒，起到杀菌作用。在10点以前或16点以后非炎热时段进行套袋，中午高温时段和阴雨天不能套袋。套袋前将整捆专用袋放在潮湿处，使之返潮，柔韧。正确的套袋方法是用右手撑开袋口，用左手托住袋的底部，使袋底部两侧的通气排水口孔张开，袋体膨起，将袋从下向上拉起，果柄放在袋上方的切口处，使果穗位于袋子的中央，保证不与袋壁接触，前期避免日灼，后期防止摩擦果粉；后用铅丝将袋口绑紧，注意捆绑在穗梗（柄）处，不要绑在结果枝条上；套袋封口应严实，避免雨水、灰尘或病虫等侵入。

对于难着色的葡萄品种，采收前1周左右需要摘袋，使浆果充分见光着色。

第五节　促进设施葡萄增糖着色技术

葡萄如果上色慢，不仅外观受到影响，而且口感特别是甜度也会降低，严重影响果品质量。

一、葡萄上色差和口感不好的原因

（一）氮肥使用量过大

葡萄出现上色差、口感甜度低跟氮肥的用量有关。没有按照葡萄的生长的不同阶段合理施用氮肥，特别是在葡萄生长的中后期，氮肥的使用量过大，导致钾肥的供应出现不足。

（二）气温调控出现问题

早春发生低温冻害，夏季设施温度过高时没有及时降温调节，就会影响葡萄上色。地温和气温不协调影响正常的代谢，昼夜温差小，糖分积累少，葡萄需冷量不足，休眠不充分等，都是造成葡萄上色慢、口感差的原因。

（三）光照的影响

设施内光照总体较弱，加之湿度大，葡萄留花留果量过大，使葡萄植株的营养吸收不均衡，超负载造成叶果失衡。在生长的中后期，取袋时间或者摘叶不及时影响光照，使光合效率低，最终造成了葡萄上色慢，口感甜度不够。

（四）整形修剪方法不正确

修剪的时候，如果方法不正确、不及时，则会使植株的枝叶长得过于稠密，影响光合作用。其透光性和透气性受到影响，园内环境变差，温度和湿度受到影响，不利于葡萄植株生长。

（五）发生严重的病虫害

如果灌水不合理，土壤和空气湿度过大，就会发生病虫害，严重的病虫害造成植株的衰败，会影响葡萄上色及果实品质。

二、促进葡萄增糖着色技术

针对上述原因，提高设施葡萄质量需从合理的抚育管理措施做起，即合理施用氮肥，不宜用量过大。控制温度和湿度的时候，依据不同的生长阶段进行合理调控，使生长环境适宜。进行修剪的时候，及时抹芽摘心，遵循疏果留叶原则，合理负载。充分补充植株的光照，保证光合作用的进行。生产实践中，葡萄促进着色技术的应用往往不是片面孤立的，而是根据地力、品种、树势等实际综合选用，以发挥最佳效果。

针对有些葡萄品种着色较困难，在温室设施环境下，还可通过铺设反光膜、环剥、改善光温环境调控、喷施磷钾肥及激素应用、精细技术措施等促进着色，增加糖度。

（一）反光材料应用

研究表明，浆果见光比不见光易上色。葡萄除了叶片光合作用需要光照外，浆果着色也需要光照。因此，从浆果转色期开始，需要创造条件，增加叶片及浆果的光照。锡箔纸、白色地膜具有反射光的作用，生产中已经得到应用。

反光地膜等材料表面是平滑的，光线照射到地膜后产生的反射光照射到葡萄叶片或浆果表面有一定的局限性，为此研究出了表面凸凹不平的专业反光布，使得更多反射光能被葡萄利用。除此之外，目前生产中有专用反光幕（锡箔材料），反光幕铺设地面或悬挂在日光温室后墙发挥反光作用，补充设施光照，有效促进浆果着色。

（二）环剥

环剥即环状剥皮，可促进果实着色，加速成熟，通常在浆果软化期进行。一般环剥在新梢、结果母枝、主蔓或主干上进行。为了方便，一般在多年生主干上环剥。

具体做法为：在葡萄主干上用专用刀具横向将树皮呈双环状切开，并剥掉完整的一圈皮，不要伤到木质部，环剥宽度一般为2～5 mm，从而阻断树体的养分向下输送，增加环剥口以上同化养分和植物激素的积累，加强环剥口上部各器官的营养，达到促进浆果膨大、增色、提早成熟的效果。

应用环剥技术时，需要加强肥水管理，搞好疏果，控制产量，避免削弱树势。

（三）改善光照条件

充足的光照，是葡萄果实着色和积累糖分的先决条件。想要让葡萄植株有很好的光合作用，就要通过新梢管理，增加和保护绿色功能叶片，特别是在葡萄生长的后期。还要及时防治病虫害，保证植株健壮生长。葡萄浆果转色时，去除果穗周边老叶，使果穗充分见光，达到促进浆果着色的目的。按照品种特性，及时摘取果穗的套袋，增加果实光照，也会促进着色和口感。

（四）温湿度调控

在葡萄成熟期内，16～32 ℃是果实膨大增糖和上色的最适宜温度，昼夜温差要保持在10 ℃以上。温度低于15 ℃，高于35 ℃均不利于果实的成熟与着色。另外，要充分满足葡萄休眠低温。当果实转色后，要适当保持干旱，土壤湿度控制在60%左右，采收前15～20 d停止灌水，增加糖分积累和着色。

（五）喷施磷钾肥

葡萄成熟期，为了提高果实的糖度与着色度，可以用0.3%的磷酸二氢钾、0.2%的硼砂溶液以及钙镁磷肥，每隔10 d左右喷施1次，连续喷施2～3次，效果很好。

（六）科学使用激素

促进葡萄上色、积累糖分、加快成熟的激素类型较多，但使用最广泛的是

花青素、脱落素和乙烯利，如果使用科学合理，对葡萄上色和成熟能起到四两拨千斤的效果，但一定要严格按照规定的用量和浓度使用。

第六节　采收与包装储藏

近年来，我国鲜食葡萄消费量持续增长，尤其是电子商务的快速发展带动了葡萄消费的全方位增长，也促进了温室设施鲜食葡萄的快速发展。要想赢得市场，获取高效益，必须保证其质量。葡萄果实质量的好坏，除了选择好品种，加强栽培管理外，适时采收及采后的包装和储藏保鲜同样十分重要，直接关系到葡萄浆果的品质和生产者的经济效益。因此，将采收与包装储藏作为葡萄花果管理的最后一道环节。

一、采收

（一）采收时间

葡萄属呼吸非跃变型水果，采后没有后熟过程，可溶性固形物含量不再增加，因此鲜食和储藏、加工的葡萄必须充分成熟后才能采收。

温室葡萄品种不同，促早、延后目标不同，成熟期相差很大。采收时依品种及用途而定，要根据不同情况，采取不同措施。一般鲜食葡萄的采收期比生理成熟期略早，采收时果实必须具有该品种固有的色泽和风味。成熟期是根据果实的硬度、色泽、风味品质来确定的。成熟的葡萄果面着色度好、果肉透明，果粉明显加厚，种子呈红、棕褐色，表现出品种固有的色泽、含糖量和香味。采收过早，则酸度过高，影响品质；采收过迟，则果实味淡，不耐储运。

葡萄优质大果的标准是：外在品质具有美观的穗形、艳丽的色泽、大小适中的果穗、整齐而较大的果粒。色泽以体现本品种果皮颜色为上，穗重500～800 g左右、单粒重10 g以上，内在品质适口性、营养性好、安全卫生，可溶性固形物含量20%以上。葡萄采收的合理时间是外观色泽指标达到该品种固有色泽，生理指标达到该品种最高含量时，如克瑞森无核，外观色泽鲜红，可溶性固形物含量达到20%左右，品味达到最佳口感等。

采收时间以晴天上午露水干后采收最适宜，根据品种、成熟期适时分批采收。

（二）采收方法

葡萄采收是个精细过程，正确的采收方式是一只手托住葡萄的底部，另一只手用剪刀把葡萄的柄剪下来，避免损伤果树。一般带袋直接采收后放入塑料箱内，以便减少尘土污染，保持果粉良好，维持果实最佳商品品质。没有套袋的手握穗柄剪下（尽量保护果粉），单层摆放，防止挤压。采收后避免在阳光下暴晒，装袋、装箱后快速转运到包装车间进行保鲜处理，减少水分流失，保证葡萄质量。

二、分级包装

葡萄进入市场销售前根据市场商品定位进行分级包装，增强商品外观，明确产地认证，标记产品品牌，提高市场竞争力，促进销售，增加附加值。合理的分级包装还可以使葡萄仓储标准化，利于储藏运输和管理。

（一）分级

分级时先对果穗进行整修，把果穗中的病、虫、青、小、残、伤、畸形的果粒剪除，对超长、超宽和过分稀疏果穗进行适当分解修饰，使穗形整齐美观。整修果穗可与采收及分级包装结合进行，也可在分级车间独立进行。分级时按照果穗和果粒大小、疏密度均匀程度、着色好坏等指标，按照市场需求设定等级，进行分级归类。

（二）包装

葡萄属浆果，皮薄汁多，易伤易腐，对包装的要求非常严格。包装时要轻拿轻放，减少碰伤、压伤、挤伤。

包装一般有田间直接采收包装和车间包装两种方式。田间直接采收包装是按照果实分级标准，采收时按等级直接归类，整修穗粒后直接装箱。其优点是工序环节少，人为损伤少，果粉较为完好，呈现原生态；缺点是分级不够精准，箱内温度高对浆果有影响。一般用于中小型葡萄园，或者直接供应市场的简易包装。车间包装则将采收的葡萄拉运到包装车间内，整修果穗，散去田间热量

后精准分级，精细包装，有的还要对果穗进行消毒灭菌和保鲜处理。葡萄的包装车间一般都是手工作业，劳动力需求量较大。主要的包装方式和材料有：

1.单穗小包装

单穗小包装即以一穗为基本单元单独包装后，装入包装箱保护拉运。小包装的主要作用是防止果穗间相互摩擦，保持果粉完整，减少运输储藏中的脱粒损耗；同时也便于零售，可在包装袋上标明品种、产地、品牌、等级、重量等指标。

①白纸包裹隔离单穗包装。最简单的小包装用白纸将单穗包裹起来，然后装入包装箱。

②塑料袋单穗包装。塑料袋为专用袋，不同品种规格不同，有的全部为塑料制成，有的一面纸一面塑料，塑料袋为了透气，往往上面均匀地分布有孔洞，一面纸的塑料袋由于纸具有透气性，往往没有孔洞。塑料袋小包装除了具有防止果穗间相互摩擦、保持果粉完整与卫生、减少脱粒的作用外，保鲜期也较长。

③塑料盒单穗包装。其具有塑料袋包装的作用，由于塑料盒方正且规则，便于进一步装箱，且不会造成二次挤压损伤。

④托盘保鲜膜包裹单穗包装。该包装首先将果穗放置在托盘内，而后将果穗以保鲜膜包裹，防止果穗移动，便于进一步装箱、零售及保鲜。托盘底有孔促进气体流通。

2.批发大包装

大包装通常指重量在2.5 kg以上的包装，最大的可到5 kg。大包装的主要作用是方便长距离运输，减少运输储藏中浆果损耗，同时也便于批发零售。

葡萄大包装的主要材料有苯板箱、塑料箱、木板箱、纸板箱、PVC箱等，基本特点是耐潮湿，抗压性强，并能够回收再用。

3.精品小包装

精品小包装通常采用纸板箱。纸板箱可印刷上美丽的图案、说明等，这方面独具优势，应用较广，可作为直销包装，也可作为礼品包装。网络销售都采用精品小包装。

三、保鲜储存

保鲜储存是调剂市场余缺、满足市场供应、实现二次增值的必要措施之一，能够显著增加葡萄销售的经济效益。葡萄保鲜储藏的原理和其他果品一样，关键是降温保温、调节气体成分、抑制真菌活动和降低果实的呼吸作用。葡萄保鲜储存的方法主要有各类冷库，也有窖藏、室内储藏等简易储藏法。从葡萄品种来说，果粒大、果皮厚、果刷长的硬脆肉品种较粒小、皮薄、果穗短的软肉型品种耐储存。

（一）冷库保鲜储存

冷库保鲜储存前7 d用0.5%的高锰酸钾对冷库全面消毒，前3 d进行硫黄熏蒸杀菌。为了确保葡萄在冷库内无病害，收获前3 d对计划储存的葡萄树体喷杀菌剂，预防灰霉病等病害。

采收的果实用小包装进行包装，装入储藏箱。可用塑料泡沫网包装，单层装箱，以减少葡萄在运输当中的压伤。包装后放在阴凉处，傍晚迅速预冷，将温度降至-1 ℃，降低葡萄的呼吸强度和乙烯释放量后入库。小包装葡萄进入库后应打开袋，将田间的热量和水分散去，预冷后密封袋。成熟度不够，糖含量不足，含有病虫害、烂果、大小颗粒严重的葡萄不要入库。

入库后，把温度控制在-2～0 ℃，在中期进行一次换气通风，换气后可用少量硫黄熏蒸消毒再关紧库门。储藏期间定期对葡萄进行抽样检查，发现问题及时解决。

（二）果窖保鲜储存

果窖可用于秋末冬初采收葡萄的储存。选择地势略高、通风良好、有树阴的地方建窖。窖为半地下式，通常窖高2.5 m，宽3～4 m，长度根据数量规模而定。侧墙设通风排气口，窖顶设天窗，以利于储藏初期通风降温。气孔、天窗均应安有铁网，以防鼠害。窖壁用沙灰抹光，也可采用土窖壁。窖底铺3～4 cm厚的沙子，用于调节温度。窖内搭建储藏架，层间距为40～50 cm。30 m^3的地窖可储藏葡萄750 kg左右。葡萄入窖前用浓石灰水对全窖喷洒消毒，然后按照1 m^3用硫黄粉20 g点燃密封熏蒸2 d，再排出废气。

葡萄入窖在“霜降”后，选择充分成熟的优质葡萄穗，用剪刀剪下，保留果柄10 cm左右，装入筐内，放在阴凉潮湿的地方，预储2 d，使温度降低，然后入窖。采用窗口开闭调节温度，地面洒水调节湿度。葡萄浆果，皮薄多汁，极难储运，最好就地采摘，就地入窖，尽量减少搬运次数。

（三）室内储藏

室内储藏即普通平房储藏。其可用于计划储存期短、秋末冬初采收葡萄的储存，要求储藏时避风阴凉，密闭性好。储存时的消毒等同冷库储存法，只是室内没有温度和气体调控装置，需要经常检查，并装配简单的升温降温设备辅助使用。

第十一章　土壤改良与田间管理

土壤是葡萄赖以生长的基础，是葡萄营养的主要供体。土壤状况决定着葡萄根系的生长和对矿质营养及水分的吸收和运转。因此，葡萄园土壤的改良和管理是葡萄栽培中最基本、最重要的一项工作。温室设施葡萄栽培土壤改良与管理的目标是：质地结构有效改善，土壤养分充分利用，营养元素用补平衡，生产经营持续向好。

第一节　土壤改良

葡萄植株通过根系从土壤中吸收矿物质等营养及水分，完成正常的新陈代谢。葡萄作为一种需肥量大的果树品种，不少果农为获取高产常加大肥料（主要是化肥）投入，却忽视了土壤的承受能力，使不少葡萄园土壤的物理、化学、生物性质退化严重，变得不利于葡萄生长。因此，改良土壤已成为葡萄优质高产的必由之路。

土壤环境主要包括影响葡萄生长的物理、化学、生物性质等，只有明确了葡萄究竟需要什么样的土壤，才能改而有方、改而有效。

一、葡萄生长的良好土壤

（一）物理性质

1. 土壤容重

土壤容重大小由土壤孔隙度和土壤固体的数量决定，与葡萄根系生长密切相关。土壤容重在1.05～1.42 g/cm^3时，葡萄根系分布很广，而超过1.65 g/cm^3时基本没有根系。

2. 土壤孔隙度

土壤孔隙度主要与土壤保水能力、疏松程度、通气能力有关。土壤孔隙度为10%左右时，最有利于葡萄生长。过大则不利于保水，过小则影响葡萄扎根。

3. 土壤的持水性

土壤的持水性是由土壤毛管孔隙度及总孔隙度的大小决定的。土壤含水量为60%～70%最适宜葡萄生长，低于35%会抑制葡萄正常生长，高于80%则会使葡萄根系生长分布受到限制，影响肥水吸收，并容易导致病害发生。

西北地区土壤主要为沙壤土、黏土、沙土、砂砾土等。其中土质疏松、土壤肥沃、排水良好、容重较小的沙壤土团粒结构好，能够完全满足上述条件，其保水保肥力强，可以提高葡萄的品质和产量，是葡萄栽培的理想土壤。而黏土土质坚硬，透水透气性不良，导热性差，使葡萄根群小且分布浅，植株萌芽晚，成熟迟，易早衰，浆果品质较差；沙土质地疏松，通气透水性良好，导热性强，吸热快，放热也快，温差大，虽有利于浆果的着色成熟，能促进早熟和增加含糖量，但漏水漏肥常造成土壤缺乏有机质，肥力低；砂砾土土壤通气透水性好，导热性强，昼夜温差大，较适于生长势旺盛品种的栽培，缺点是土壤中有机质含量低，浆果风味欠佳。

（二）化学性质

1. 土壤中的矿物质

矿物质是土壤中最基本的组分，重量占土壤固体物质总重量的90%以上。矿物质通常是指天然元素或经无机过程形成并具结晶结构的化合物，来自成土母岩。土壤矿物质的元素组成很复杂，主要的有10余种，包括氧、硅、铝、铁、钙、镁、钛、钾、钠、磷、硫以及一些微量元素如锰、锌、铜、钼等。其中氮、磷、钾、钙、镁、铁及硼、锌、锰等，均是葡萄的重要营养元素，这些元素通过土壤矿物质的分化和降解，以无机盐的形态存在土壤溶液中时才能为根系吸收利用。而土壤矿物质成分还决定了土壤团粒结构和容重等。此外，在土壤溶液中还存在一些对植物有害的盐分，包括碳酸钠、硫酸钠、氯化钠及氯化镁等，这些盐分积累的多少可决定土壤盐碱化的程度。

2. 土壤有机质

土壤有机质是衡量土壤肥力的重要指标，它含有植物生长过程中所必需的元素，对葡萄的生长十分重要。此外，土壤有机质能增加土壤生物量，提高土壤酶活性，增加微生物种类及土壤肥力的有效性，加速土壤矿物质分解分化，改善土壤理化性质。正常范围内，土壤有机质含量越高，越有利于葡萄生长。

3. 土壤pH值

土壤pH值指土壤的酸碱度。土壤中营养元素存在的形态、土壤微生物的组成和活动、植物根系生长与吸收以及有机物质的合成与分解均受pH值的影响。葡萄适宜在pH 5.5～7.5的土壤中生长，酸性环境（pH≤4.5）根系生长差，现黑根、烂根、死根，无白根，土壤板结，易滋生致病菌、线虫等；土壤过碱（pH≥8.5），则葡萄植株的新梢会有黄叶病的发病迹象。pH值低于4或者高于8.7的土壤，不易于栽培葡萄。

4. 土壤含盐量

土壤的盐分含量在2.9 g/kg以下时，葡萄可以正常生长，当含盐量超过4.0 g/kg时，则影响生长，直至造成葡萄死亡。

西北地区发展葡萄的重点区域是平川灌区、荒漠戈壁、沟谷盆地、黄土高原和高原山地。按照不同地区和不同海拔，土壤主要由灌淤土、栗钙土、灰钙土、草甸土、风沙土、黄绵土等构成，其矿物质总体情况是土壤有机质含量低，特别是碱解氮、速效磷含量很低，速效钾适中，而可溶性钙较为丰富。土壤盐碱含量高，大多数地区的pH值大于8.0。

（三）微生物性质

土壤微生物包括真菌、细菌、病毒等，它们在土壤中进行多种化学反应，包括土壤有机质、氮素、碳素养分的合成和分解等，直接关乎葡萄的生产量。

然而，土壤微生物对土壤环境的变化极为敏感，当其物理、化学性质退化时会打破原有菌群的平衡关系，进而影响葡萄生长，增加病害的发生。

西北地区土壤贫瘠，干旱，日照强，使土壤微生物活性和多样性总体较弱。

二、设施土壤的特点

由于设施内温度高、湿度大、气体流动相差、光照弱、没有冬季冻融等特点，加之温室大棚生产周期长，土壤利用率高，施肥量大，因此，设施土壤具有与露地土壤不同的特点。一是土壤有机质含量高，温室内土壤有机质或土壤腐殖质含量均高，有利于葡萄生长。二是温室具有半封闭的特点，不存在降雨、风蚀、日照等对结晶盐分的淋蚀作用，常会引起土壤表层盐分浓度高，影响葡萄对营养元素的吸收。三是土壤透气性差。土壤含水量和温度常年变幅小，深松作业受限，使土壤团粒结构不能很好恢复，微生物种类少，有机养分无法有效地进行转化等。四是葡萄栽培时间长，容易造成土壤中养分的不均衡，有些营养元素亏缺，有些又残留富积，产生富集障碍。

三、设施土壤改良主要措施

分析掌握葡萄良好的土壤环境与其物理、化学、生物等因素的关系后，在土壤改良时即可对症下药，有针对性地进行。

（一）客土置换

一般在荒滩、荒地、荒漠、盐碱地、戈壁等原始土壤不具备葡萄生长的非耕地上发展设施葡萄，定植前须进行客土置换。置换土质要求达到葡萄生长土壤的理化性质，并有一定的肥力，通过客土置换使土壤改良一次到位。

（二）深耕掺土

温室葡萄休眠期，对葡萄行间土壤深翻25 cm左右，释放有害气体，增加氧气含量，促进微生物活动，使土壤充分熟化。深耕时还要进行掺土改良，即黏质土掺沙，沙质土掺黏土。

（三）增施有机肥

不论新建温室还是历建温室，都必须重视有机肥的施入，这也是土壤培肥的关键措施。充分腐熟的有机肥，富含多种营养元素，能有效改善土壤结构，提高土壤的保肥、保水、保温性能。施用量应适当，各种有机肥一定要经过高温发酵腐熟，结合深耕整地与土壤掺和均匀。

（四）配方施肥

矿物质肥料即化肥的施入，要通过测土及时掌握土壤肥料元素，按照葡萄生长所需的营养元素配方施肥。在做好不同时期氮磷钾配方施肥的基础上，必须重视铁、镁、硼、锌、锰等中、微量元素的补充施入。

（五）降盐改碱

灌水洗盐，增施绿肥，抑制蒸发，合理选用化肥，施入硫酸亚铁和腐殖酸类液肥中和改碱，钙离子置换降盐、种植耐盐植物排碱等方式，可降低土壤中的盐碱含量。

四、土壤改良需要把握的原则

（一）土壤改良是长期的，不能朝改夕成

就土壤有机质含量来说，每亩土壤80 cm内有机质含量要想增加1个百分点，就需施有机肥4～5吨，这还没算上淋溶消耗的，而除了熟化的耕作土外，一般生荒地土壤有机质含量均不足1%，设施葡萄栽培要求有机质含量在3%～5%，具体改良过程中需要持之以恒，分步实施，不能一蹴而就，一年到位，否则会打破平衡，适得其反。

（二）土壤改良是综合性的

多数土壤问题并非由单一因素造成，所以土壤改良也是一项综合性工作。只有采取综合措施，系统改良，才是各改良目标相得益彰，互补互促。

（三）土壤改良需注重土壤微生物

不同的改良措施对土壤理化性质必将产生影响，必然会导致微生物生存环境发生变化，所以要注重有益微生物的保护培养，并对症施用微生物肥料。

（四）土壤改良勿忘养根

土壤改良的同时，淋施生根刺激剂，壮根促根，一方面提高利用效果，另

一方面弥补因土壤改良如深耕、挖槽施有机肥等造成的根系损伤。

（五）推广机械化

传统的耕作施肥方式十分费时、费力、费工。现在我国农业劳动力逐渐老龄化，高强度挖坑施肥带给果农超负荷劳动量，必须采用小型精巧的专业机械进行作业，以免因噎废食，畏难而退。

第二节　设施葡萄土壤田间管理措施

土壤田间管理是设施葡萄园最重要的基础性工作，通过土壤管理，巩固改良成果，充分发挥好土壤潜力，使葡萄根系和树体处在一个稳定良好的生长环境之中。

一、覆膜

设施内进行地面覆盖地膜，可提高早春地温，防止土壤水分蒸发，减少病虫害发生，改善土壤团粒结构，避免杂草丛生，提高产量和果实品质，减少地表盐分积累，室内美观整洁，在西北干旱区设施葡萄栽培中有大量应用。

黑地膜及园艺地布具有良好的防草效果，是目前设施葡萄园土壤地面覆盖的主要材料。一般好的地膜使用寿命为2～3年，园艺地布使用寿命为5～6年。覆盖时可采用温室地面全覆盖，膜下滴灌的方式，也可采用葡萄行间部分覆盖，沿行沟灌，或垄面部分覆盖，垄间沟灌等方式。

但是，长期覆膜易诱导葡萄根系上返，削弱葡萄根系向深处的分布能力，需引起注意。

二、覆草

葡萄植株的行间地面覆作物秸秆包括玉米秆、麦草、稻草以及其他绿肥枝叶等，严密覆盖，深度10 cm以上，会使杂草无法生长；同时还能防止水分蒸发，抑制盐碱。覆盖的有机物经腐烂分解，本身就是良好的有机肥料，易为葡萄根系吸收利用，并增加土壤疏松度，防止土壤板结，一举多得，应大力提倡。

覆草一般在结果后，如果在花前进行，会增大土壤湿度，降低土温，有延迟开花的现象。

三、生草

设施葡萄园除草不如生草，国外土壤管理以生草为主。生草对土壤、环境及树体都有益，但需适时割草。生草能保持土壤疏松，便于葡萄根系活动，同时通过生草栽培，营养成分随着每年草叶、茎、根等器官的更新循环逐渐回到土壤中，能提高土壤有机质含量，降低盐碱含量。

果园生草对草的品种有一定的要求，以抗踩踏、根系浅、分蘖能力强、更新快的草为宜。如三叶草是我国南北通用的优良生草品种。

四、清耕

清耕即在生长季内多次浅清耕行间土壤，保持表土疏松无杂草，是葡萄园常规的管理措施。早春清耕有利于地温回升，秋季清耕有利于葡萄利用地面散射的光和辐射热，提高果实糖度和品质。清耕法可有效促进微生物繁殖和有机物氧化分解，显著改善和增加土壤中的有机态氮素。但是清耕费工、费时。

五、松土深翻

设施葡萄因作业踩踏频度高、浇水等易导致土壤密实板结，加之温室内冬季低温不够，变幅不大，使每年的冻融交替导致土壤自然疏松的程度低。因此，可结合土壤改良和基肥施入，每年最少进行1次25 cm的深松作业。

六、除草

设施葡萄园的除草，通过上述覆盖、清耕、深翻等措施，基本可以对杂草进行抑制和灭除，但还有杂草会见缝插针地生长。同时，对于温室外面的杂草也需要及时除去，对此，应以人工和机械除草方法为宜，决不能采用化学除草剂进行除草。因为葡萄对所有除草剂类农药都非常敏感，即使在温室外围使用除草剂，少量药剂漂移都会对葡萄叶片造成严重药害，如草甘膦、乙草胺、2,4-D等。

第十二章　精准化肥水管理

葡萄植株一生需要消耗大量的营养，这些营养物质一方面依靠根系从土壤中吸收矿质养分，另一方面依靠光合作用同化大气中的二氧化碳，制造有机养分，供给葡萄的生长和发育。葡萄植株固定在一地块生长几年、十几年，在每次成熟收获后，都会有大量的营养物质被转化成浆果而被带出种植园，而葡萄还田的矿物质少之又少，土壤中再多的矿质养分也要被消耗殆尽。同时，土壤先天矿物质的种类多寡不一，比例也不一定协调，造成种植园的土壤渐渐缺少某种或多种营养元素，必须要有不断地补充，才能满足葡萄每年生长发育所需，否则将对葡萄的生长和结果产生严重影响。因此，葡萄园施肥是直接影响葡萄植株正常生长和获得高产、稳产的最重要因素。

在葡萄生产管理中，经常有人会问“葡萄最好的肥料是什么”？简单来说最需要的就是最好的。也就是说，土壤中缺什么葡萄生长发育所必需的营养元素，这种元素肥料就是最好的。换句话说，葡萄生长发育期间，在合适的时间能够提供生长所需的营养元素就是好肥料。而土壤肥料效应的最小养分率也即“木桶效应”的存在，又是配方施肥概念的提出和意义所在。

肥料是为葡萄生长发育提供营养元素的，在葡萄的一个生长发育期，不同的时期对养分的需求是不同的。比如在萌芽、展叶、花期到第一次膨大期，对氮肥的需求最大；在新梢旺长和果实膨大期，对磷肥的需求大；在果实着色至成熟期，对钾的需求大。因此，不同时期，要选择不同的施肥方式和肥料种类。

温室葡萄施肥的总体原则是：以基肥为主，追肥为辅；根部施肥为主，叶面肥为辅；有机肥为主，化肥为辅；氮磷钾三要素肥料为主，微量元素为辅；弱树多施，壮树少施；瘠薄地多施，肥沃地少施等。

第一节 营养元素在葡萄生长发育中的作用

和其他作物一样，葡萄生长所需要的必需营养元素中，碳、氢、氧来自空气和水，不需要外部供给。剩余的和葡萄生长发育关系最为密切的是氮、磷、钾、钙、硼、铁、镁、锌、硫及锰、钼、铜等，这些养分需要通过根系或叶片吸收获得，主要来源于土壤和人工施肥调控供给。为了使施肥有的放矢，必须了解这些营养元素对葡萄生长发育的作用。

一、氮

氮是葡萄合成蛋白质、氨基酸、叶绿素、维生素等必不可少的营养元素之一，能促进葡萄体内有机物的合成，使叶色浓绿，葡萄枝蔓生长以及花芽分化正常，有效提高葡萄的产量。因此，葡萄的整个生长周期中都对氮有较高的需求。

氮肥过多时，就会引起葡萄植株枝叶徒长，落花落果严重，当年枝蔓不能充分成熟，浆果着色不良，品质下降，香味变淡。另外，由于枝蔓成熟不良，花芽分化不好，易遭受病虫害的危害，大大降低了越冬性能。

缺氮的时候，新梢上部叶片逐渐变黄，新长出的叶片变薄变小，老叶片开始褪色，黄绿色带由橙色逐渐变成红紫色，并逐渐往上部叶片发展。除此之外，葡萄的新梢生长速度变慢，枝蔓节间短而细，花序小而纤细，不整齐，花器分化不良，落花落果严重，生长期结束早，植株整体矮小，衰弱，果穗以及长出的葡萄较小。

葡萄植株中氮的含量以叶片最多，新根、新梢次之。叶片中氮素适宜的含量为2.75%。

二、磷

磷是葡萄光合作用、呼吸作用以及有机物合成的重要参与者。磷素有助于作物细胞分裂，促进幼嫩枝叶、新根的形成和生长，既促进花芽分化，有利于花器官的正常发育和开花授粉受精，又能够促进枝条的成熟，提高果实着色度、

含糖量等，还可以增加植株抗寒、抗旱的能力。

施用磷肥过多时，会影响铁、钙、锌和氮的吸收，造成叶片黄化或白化，果实偏小，糖分含量降低。

葡萄在缺磷时，先从基部老叶开始逐渐向上部新叶发展，叶片变小、暗绿无光泽，向上卷曲，叶柄及叶下表面呈紫红色或暗紫色，叶片边缘出现烧叶现象，葡萄副梢生长衰弱，花芽分化不良，花序柔嫩，果穗变小，花梗细长易落果，果实成熟晚、着色差、含糖量低。

磷的含量以新根最高，叶片和新梢次之。当葡萄叶片中磷的含量低于0.14%时为缺磷，含量为0.14%～0.41%时为适量；叶柄中磷的含量低于0.1%时为缺磷，含量为0.1%～0.44%时为适量。

三、钾

葡萄是一种喜钾果树，对钾的需求量超过氮和磷，在整个生育期需要大量钾肥，尤其是在果实成熟期间的需要量更大，具有“钾质果树”之称。“钾是运输大队长”，在有机营养的合成、运转和转化方面都有重要作用，能够促进葡萄根系、枝条的加粗生长和充实，提高抗寒、抗旱、耐高温、抗病虫害的能力。钾肥可以促进果实肥大和成熟，提高浆果含糖量，优化品质和耐储性能。

葡萄生长过程中，如果钾肥出现超标，葡萄钾元素过量，则会抑制氮素和镁的吸收，影响枝蔓生长和光合作用，造成减产和缺镁症，导致葡萄着色不好，甜度变低，晚熟，叶片发黄等。

葡萄在生长初期缺钾，叶片颜色较浅，比较幼嫩的叶片边缘出现坏死的斑点。如果是干旱季节，坏死斑主要分散在叶脉间组织上，叶缘变干，往上卷或往下卷，叶肉扭曲，表面不平，叶片畸形或皱缩。夏末的时候，新梢基部直接受光的老叶，变成紫褐色或暗褐色（从叶脉间开始，逐渐覆盖全叶的正面，尤以果穗过多的植株和靠近果穗的叶片较为明显）。如果缺钾十分严重，其果穗少而小，穗粒紧，色泽分布不均匀，果粒萎缩软化，糖度降低。采收的时候果粒较干、烂果或不成熟。

钾的含量在葡萄果实中最高，旧梢和叶片次之。当葡萄叶柄的钾含量低于0.15%时为缺钾，含量为0.4%～3%时为适量；叶片的钾含量低于0.25%时为缺钾，0.45%～1.3%为适量。

四、钙

钙是葡萄仅次于氮磷钾三大营养元素外的第四大养分。钙对葡萄细胞壁形成、细胞分裂、激活酶的活性具有非常重要的作用，钙能够增强果实细胞壁的强度、促进养分物质的吸收和运输、提高作物的抗病和抗逆性等。钙能促进土壤中硝态氮的转化和吸收，也能够释放土壤中被固定的磷和钾被葡萄二次吸收利用。钙也会对叶绿素、糖、有机营养的形成有直接或间接的作用，是影响葡萄品质的重要营养元素之一。

充足的钙肥供应，能够促进葡萄新根发育、新梢生长、花粉管伸长萌发及光合作用，同时对于增大果实个头、提高硬度、增加糖分、促进早熟、预防真菌性病害、避免软果裂果、预防果实日灼、促进转色上粉、改善外观品质、提高果实的耐储运性等方面具有较为明显的效果。

葡萄生长中严重缺钙时，会导致葡萄叶片嫩叶变褐枯死，果实出现日灼、气灼、裂果、品质变差等，叶色变淡、幼叶脉间及叶缘退绿，随后在近叶缘处有针头大小褐色斑点；随着葡萄的生长，叶缘焦枯，叶片向下卷曲，葡萄新梢顶端生长点枯死，葡萄花朵萎缩，果实糖分积累少，味淡，果粉少，不耐储藏；同时葡萄新根短粗、弯曲，葡萄根尖易变褐枯死。

葡萄根系对钙的吸收是个缓慢的过程，土壤中的钙离子只能通过幼嫩根尖吸收，依托蒸腾作用输送到叶、果、生长点等其他部位上。葡萄如果修剪不当，降低了树体的整体蒸腾作用，就会造成钙的吸收运输受抑，葡萄就容易发生缺钙问题。另外，过量地使用氮、磷、钾、镁肥等，造成肥料之间发生拮抗反应，都会抑制葡萄对钙的吸收，造成葡萄缺钙。

五、硼

硼是葡萄生长发育必需的微量元素之一，对葡萄生长结果有重要影响。硼在葡萄的花部含量比较多，硼可以使葡萄花粉萌发加快，让花粉管快速进入子房，有利于授粉受精和果实形成，减少落花落果情况；硼还能提高葡萄中维生素和糖的含量，改善果实品质；硼能够提高叶片光合作用的强度，促进光合产物的运转，增加叶绿素含量，使枝干的韧皮部和木质部健康生长，增加导管的数量，加快新梢成熟。

葡萄缺硼后新梢顶端的幼叶出现淡黄色小斑点，后续连成一片，叶脉间组织变黄，最后变褐，枯死。开花时花序小，花蕾数少，花冠从基部开裂少或不裂开，变成赤褐色，留在花蕾上，最后脱落。子房脱落多，坐果差，果穗稀疏；部分子房不脱落，成为不受精的无核小果粒；果粒增大期缺硼，果肉组织枯死变褐；硬核期缺硼，果实周围维管束和果皮外壁枯死变褐。

值得注意的是，土壤中缺硼浓度到硼过量之间的跨度很小，一旦硼肥稍有过度就容易导致葡萄“硼中毒”，主要表现为叶片边缘发黄、焦枯，叶片褪去绿色、白化，或有褐色斑点，多从老叶片开始，后期葡萄裂果严重。

六、铁

铁是葡萄生长过程中必需的一种微量矿质元素，需求量很少，但却起着至关重要的作用。铁是叶绿素的重要组成物质，缺铁时，叶绿体结构被破坏，导致叶绿素不能形成；严重缺铁时，叶绿体变小，甚至解体或液泡化。常见的葡萄黄化病和缺铁有很大的关系。同时，铁还参与体内氧化还原反应和电子传递，是一些与呼吸作用有关酶的成分，如细胞色素氧化酶、过氧化氢酶、过氧化物酶等都含有铁。铁缺乏时，这些酶活性降低、呼吸作用受阻，ATP合成减少，植物生长发育及产量受到明显影响。

铁在韧皮部的移动性很低，缺铁后老叶中的铁很难移动到新生的叶片中，使新生的幼叶出现缺铁失绿症。因此，缺铁总是从幼叶开始，典型的症状是在叶片的叶脉间和细胞网状组织中出现失绿现象，可见叶脉绿色而脉间黄化，黄绿相间明显。严重缺铁时，叶片上出现坏死斑点，叶片逐渐枯死。葡萄缺铁通常不会全园发生，叶片发黄存在过程性；其与葡萄需肥特性有相关性，开花前后，易出现缺铁症状。土壤pH值较高时，容易引发缺铁。其主要原因是土壤中铁离子会由三价铁转化为二价铁，处于固定状态，不能被葡萄吸收利用。另外，葡萄园土壤黏重时，土壤透气性差，葡萄根系生长受到限制，降低了根系的吸收能力，导致葡萄缺铁黄化的发生。

七、镁

镁是构成叶绿素的核心元素，促进光合作用。其含量的高低直接决定了光合速率的快慢。镁又是稳定核糖体的必需元素，最主要的作用是有机营养的合成与代谢，在细胞内参与一系列的酶促反应，几乎所有的呼吸作用、光合作用过程都需要镁离子来调节活化酶促反应。同时，它可促进糖类、蛋白质以及其他风味物质的合成与转运，对改善作物品质起重要作用。

葡萄缺镁时，表现为叶片失绿。因镁在植物体内向幼嫩部位转移，所以顶部叶片无症状。最初从基部叶片开始，叶缘先变黄，叶片呈水渍状，严重时脉间黄化，但叶脉呈现清晰的绿色，有时呈红紫色；若缺镁严重，则形成褐斑坏死。光照强度较高时更易出现。缺镁还会导致枝干细长柔弱，根少，开花受抑制，花的颜色苍白，坐果率和果粒重下降，果实膨大慢，着色差，成熟期延迟，严重时还会出现瘪粒、果柄萎缩的现象。

镁对于葡萄来说可以称得上是“大量元素”，在其生长过程中对镁的需求量较大，缺镁会影响葡萄的正常生长，同时也会降低葡萄的产量和品质。而相对于其他阳离子，土壤对镁离子吸附力差，易遇水流失，使土壤普遍存在缺镁问题。土壤中钙含量过高或者氮肥、速效磷肥的施用都会降低植物对镁的吸收。因此，有“葡萄果甜色靓品质好，补镁是关键”之说！

八、锌

锌元素是葡萄植株不可缺少的营养元素，它直接影响植株的呼吸作用。同时锌元素也是多种酶类的组成成分，它参与氧化还原过程，与叶绿素和生长素的形成有关。锌在光合作用营养物质的运转过程中起促进作用。锌元素是重要的生物催化剂，与植物生长激素、叶绿体和淀粉的形成，新梢节间的伸长，叶片的正常生长，花粉发育及果粒的充分生长均有关系。

锌是葡萄生长素合成的重要元素，缺锌导致生长素合成受阻，植株生长出现异常。最典型的症状是“小叶病”，即新梢节间短，叶片小且簇生，质厚而脆，叶脉间叶肉黄化，严重时干枯脱落，果穗上形成大量无核小果，产量显著降低。一般沙地含锌量少，且易流失，所以缺锌较为普遍。

九、硫

硫元素是葡萄果实和其他器官蛋白质、氨基酸、维生素和酶的组成成分，通常蛋白质含硫在0.3%～3.2%之间，硫是维生素B1的主要成分，在植物生理中与铁一样参与氧化还原反应。

硫元素不足主要影响葡萄果实品质下降，缺硫时，新叶呈黄色，严重时几乎为白色，又因硫在树体内移动性不大，缺硫症状首先发生在幼嫩部位。

土壤中硫元素主要来自灌溉水、有机质和含硫的肥料、农药残留物，通过土壤微生物（硫黄细菌）作用，能很快转变成有机态硫，供葡萄吸收利用。因此，一般葡萄园不会缺硫，当土壤有效硫低于 16 mg/kg 时施用硫肥才有效果。

另外，锰、铜、钼、钴、氯等微量元素对葡萄的生长也具有不可忽视的作用，特别是在促进葡萄叶绿素合成和干物质积累、营养元素均衡利用等方面起着不可替代的作用。每一种微量元素如同一味中药，都有它对应的调节酶；不同的微量元素，有不同的功能。近年研究证明，植物体内微量元素多为酶和辅酶的组成成分，具有多种生理功能，在物质分解合成代谢中起催化撬动作用。在设施葡萄栽培中，微量元素完全依靠自然循环补充已无法适应现代农业的需要，合理补充是不可缺少的手段。

第二节　有机肥种类及施用

有机肥是指动植物有机体及动物的排泄物，经微生物腐熟后形成的有机质，是葡萄生长发育与新陈代谢所必需的。其主要作用是改良土壤，增加土壤中的有机质，起到恢复树势、储藏养分和促进花芽分化的作用。

一、有机肥种类

传统的有机肥主要包括堆肥、人粪尿、猪厩肥、牛厩肥、羊厩肥、鸡粪以及绿肥等。但随着人们生活方式的改变和现代化养殖场的普遍兴起，堆肥和人粪尿作为有机肥已经不复存在，厩肥已经变为纯粪尿，养分含量明显增加，不同肥料所含的营养元素种类和数量也有差别。表 12-1 列出了主要有机肥的养分含量，具体使用时应结合当地肥种类型合理选用。

表12-1 主要有机肥养分含量

种类	水分/%	有机物/%	氮/%	磷/%	钾/%
羊粪	64.6	31.8	0.95	0.35	0.96
牛粪	68	20.3	0.32	0.25	0.16
猪粪	72.4	25	0.55	0.48	0.40
鸡粪	50.5	25.5	2.34	2.32	0.83
绿肥	80	13.5	0.55	0.12	0.45

另外，目前市场上开发出了各种各样的成品商用有机肥，也可按照营养成分直接选用。

二、正确使用有机肥

根据土壤普查结果，我国葡萄产区土壤有机质含量普遍为1%～2%，而日本葡萄园有机质含量维持在7%左右，这是我国优质葡萄比率较低的根本原因。与国外相比，我国土壤有机质含量低的主要原因在于土壤耕种时间长，同时不良的耕种方式如秸秆不还田、不休耕、少轮作等都导致土壤有机质含量下降；且我国葡萄生产长期以来只重视地上管理而忽视地下管理，这些应引起足够的重视。

设施葡萄的土地利用率、枝蔓生长量、产量要求高，土壤养分一定要充足，而且透气性、保水性应良好，要做到这一点，就必须重视有机肥的施入。同时，施有机肥时不可避免地伤断一些根系，还可促进根系新陈代谢。

（一）有机肥的腐熟发酵

有机肥所含养分多为有机态，不易被分解利用，必须在微生物的作用下发酵腐熟，有机质才能转化为植物吸收的化学元素或化合物。另外，有机肥发酵前往往混杂有病菌、寄生虫卵、昆虫卵或幼虫、草籽等，需通过腐熟过程中产生的热量和腐蚀剂进行杀灭。有机肥未经发酵直接使用，不仅养分利用率低，而且施入后发酵生热和释放氨气，造成烧苗和植株中毒，且会造成病虫害、污染环境等情况发生。因此，有机肥的使用，特别是温室所用的有机肥必须充分腐熟和无害化处理。

西北地区有机肥发酵最常用的方法是高温堆肥，是在有氧环境经微生物作用下完成的，高温、低湿和通气良好的环境有利于微生物活动，对有机肥发酵有利。发酵好的有机肥应松散、无味，对环境无污染。为了便于有机肥运输与施用，应进行合理包装。

修剪下的葡萄枝蔓晾干粉碎后混到有机肥中发酵，能提高发酵速度，增加有机质含量，实现秸秆还田。

（二）施用时间与施肥量

有机肥在温室葡萄栽培中作为基肥施用，施用时间决定其发挥作用的大小与利用率的高低。施肥时间很关键，一般在温室落叶前一个月施入。此时土壤温度较高，微生物活跃，根系又处于生长阶段，施肥后有部分营养将被吸收，供树体发育或积累，对次年花芽的接续分化与春季萌芽、花序发育、开花坐果等发挥作用。开春施肥利用率差，即使再好的有机肥也不能被很好地吸收。

有机肥用量按照葡萄浆果产量来计算，一般施肥量是产量的2倍左右，以每亩生产葡萄1500 kg计算，需要施质量好的羊粪3吨左右，质量差的肥料还应多施。

有机肥作为基肥施入时，为了提高肥效、节省工序和用工量，一般要混合化肥如过磷酸钙、硫酸钾等长效的磷钾肥，有些还要混合菌肥和中微元素肥如中量元素水溶肥（钙、镁、硼、铜、铁、锰、锌螯合）等。

（三）有机肥的施肥方法

有机肥的施肥方法通常采用条沟施肥法、穴施法和撒施法。

1.条沟施肥法

条沟施肥法在葡萄栽植行两侧或一侧挖施肥沟，将肥料施入沟内，是我国最常见的施肥方法。通常根据树龄、架式决定施肥沟的位置、深浅和宽窄。

篱架：幼树期间在距葡萄植株基部30～40 cm开挖深30～35 cm、宽30 cm小沟，将已腐熟的有机肥施入；随着树龄加大，施肥沟逐年外移，直至相邻两行的中间为止。

棚架：1～2年生幼树挖沟施肥方法与篱架相同。进入盛果期后，枝蔓在架面伸展完毕，由于地上、地下部分有相关性，根系也主要随枝蔓伸展，已经不局限在定植沟内，扩大了分布范围。为此，施肥沟应参照葡萄根颈位置逐年外移，而且由于施肥量较大，深度、宽度等相对也要加大。

2.穴施法

穴施法是葡萄施有机肥或有机颗粒肥时采用的一种方法。即采用打孔器或锹、镐等工具，在葡萄架下树冠范围内采用机械或人工打（挖）若干个洞穴，将颗粒肥按单位面积施肥量分解施入到洞穴内，然后覆土，下次再变换施肥位置。对于多年生树，施肥沟或施肥穴的位置可以循环重复。

3.撒施法

撒施法是结合葡萄园松土深翻作业，先将有机肥直接撒铺于地面后，再通过人工或机械深翻覆盖的施肥方法，适合大架式设计与机械化作业。

第三节　无机肥的选择与施用

一、无机肥的种类

无机肥即统称的矿物质化学肥料，是通过化工合成的肥料，具有营养成分高、肥效发挥快的特点，也称速效肥。其从形态上，分成固体和液体两种，固体肥料需要深施，液体肥料需要以水为载体冲施或叶面喷施。西北地区常用化肥有尿素、磷酸二胺、硫酸钾、过磷酸钙、钙镁磷肥等。另外，化肥还包括各种各样的多元素复合肥、复混肥等，还有形形色色的中微量元素单质肥、混合肥、化合肥及菌肥、功能植物活化素、植物活性肥等。常用化肥有效养分的含量见表12–2 。

表12–2　常用化肥有效养分的含量

肥料名称	氮 /%	磷 /%	钾 /%	硼 /%	锌 /%
尿素	46				
碳酸氢铵	17				
氯化铵	24				
硝酸铵	20～21				

续表12-2

肥料名称	氮 /%	磷 /%	钾 /%	硼 /%	锌 /%
过磷酸钙		12～20			
硫酸钾			50		
氯化钾			60		
磷酸二铵	18	46			
磷酸一铵	13	39			
硝酸钾	13	46			
磷酸二氢钾		24	27		
硼砂				10.8	
硼酸				16.8	
硫酸锌					22.3

二、无机肥的选择

根据葡萄不同发育阶段对养分的需求，按照化肥的养分含量，有针对性地选择使用，能达到事半功倍的效果。但是化肥因其含量单一，多数属于盐类物质，使用不当后会对葡萄、土壤及环境产生一定的副作用。如造成品质下降，土壤板结，污染环境等，应合理规范地使用。西北地区设施葡萄栽培常用化肥特性与使用方法，如表12-3所示。

表12-3　常用化肥特征与使用方法

种类	化肥名称	特性与使用方法
氮肥	尿素	尿素是含氮量最高的中性速效肥，适用于各种土壤，应用最为广泛。可作追肥、基肥、叶面肥，应深施覆土。
	硝酸铵	微酸性速效氮肥，对碱性土壤较适宜。肥效快，用作生长期追肥。施后必须及时浇水，减少氮素流失，不能与碱性肥料和有机肥混合。
	硫酸铵	微酸性的氮硫肥，适用于碱性或中性土壤。肥效期较长，可作基肥、追肥，施后必须覆盖浇水。

续表12-3

种类	化肥名称	特性与使用方法
氮磷肥	磷酸二胺	磷酸二胺是一种高浓度的磷氮持效肥料，适用于各种土壤和作物，特别适用于喜氮需磷的作物，作基肥、追肥均可，协调葡萄的枝蔓生长和果实生长。须深施。
磷肥	过磷酸钙	微酸性，肥效持久，可直接作磷肥，也可作为复合肥配料，与有机肥混合后作基肥施用效果好，可以改良土壤，提高养分活力。
磷钾肥	磷酸二氢钾	磷酸二氢钾属新型高浓度磷钾二元素复合肥料，可促进果实膨大，提高枝条木质化程度。主要用作叶面喷肥，使用浓度为0.2%～0.3%。
钾肥	硫酸钾	高浓度的钾硫肥，微酸性，易溶于水，属速效性肥料，迅速补充土壤中的钾和硫。可作为基肥、追肥及叶面喷肥。追肥覆土深施，基肥需搭配氮磷肥。
	硝酸钾	速效的钾氮肥，中性，肥效高。易溶于水，可追施和冲施，也可和氮磷肥搭配作为基肥。

三、施肥方法

设施葡萄园化肥的施入必须遵循配方施肥的原则。配方施肥全称为“测土配方施肥”，是以土壤或植株养分化验结果和肥料含量为基础，根据葡萄需肥规律、土壤供肥能力和肥料效应，在合理施用有机肥的基础上，提出氮、磷、钾和中、微量元素等肥料的施用数量、施用时期和施用方法。配方施肥有针对性地补充葡萄所需营养元素，缺什么补什么，需多少补多少，使各种养分平衡供应，达到稳定产量，改善品质，提高化肥利用率，节约成本，增加收入的目的。

（一）施肥量确定

葡萄园全年的土壤施肥量按照葡萄对营养元素的吸收量、土壤供给量及肥料利用率来计算。其计算公式为：

肥料需求量=（作物吸收养分量-土壤供肥量）/（肥料养分含量×肥料当季利用率）

作物吸收养分量=作物单位产量养分吸收量×目标产量

土壤供肥量=土壤养分测定值×0.15×校正系数

土壤养分测定值以mg/kg表示，常数0.15是土壤耕作层养分测定值换算成1亩土壤养分含量的系数。

施肥量（kg/亩）=（单位经济产量养分吸收量/100×目标产量-土测值×0.15×土壤有效养分利用系数-有机肥有效养分含量）/（肥料利用率×肥料养分含量）

综合国内外研究结果：每生产100 kg葡萄，需纯氮约为0.6 kg，纯磷0.3 kg，纯钾0.7 kg，氮磷钾三大元素需求比例约为1∶0.5∶1.2。一般肥料利用率氮按30%～40%计算，磷按10%～25%计算，钾按40%～60%计算，有机农家肥当季利用率为30%左右。土壤不同有效养分校正系数分别为碱解氮0.3～0.7，有效磷0.4～0.5，速效钾0.5～0.85。

按照上述公式计算，对于中等肥力（有机质含量1.5%）的葡萄园，在亩施有机肥3000 kg的基础上，当亩产葡萄1500 kg时，一般每年需要纯氮约9 kg，磷4.5 kg，钾10.5 kg，对应的化肥量为尿素20 kg，过磷酸钙（有效磷按15%计）30 kg，硫酸钾21 kg。使用其他种类的化肥，可按照营养元素的有效含量和肥料当年利用率对应计算。

当然，不同地区和不同土质，土壤中原始营养元素含量不同，则计算出的施肥量是不同的。对于固定的设施葡萄园，施肥量应在测土后具体计算得出。特别注意的是，测土需要每年或连续几年进行，这样可验证头年配方施肥量正确与否，并及时进行调整，当土壤养分年度间基本趋于稳定后可制订出较长时期的施肥方案。

对于其他中量、微量元素肥使用量，既可通过上述方法进行估算后得出，也可直接测定葡萄植株中的含量确定。

（二）土壤追肥

土壤追肥也称根部追肥，设施葡萄土壤追肥最主要的有两次。

第一次：是在落花后果实开始膨大时，施肥种类以氮、磷、钾平衡肥为主，亩用量推荐30 kg。

第二次：果实二次膨大期，着色开始时追肥，氮、磷、钾配比为10∶15∶18，亩用量30 kg。

根部追肥一般在离植株30～50 cm的位置挖穴或开沟施入，氮肥浅施，磷钾肥深施，施肥后应及时浇水，以利于肥料的吸收利用。

（三）根外追肥

根外追肥是将化肥或其他液体肥用水稀释成一定浓度，直接喷洒到叶片上，利用叶片的气孔和角质层将肥液吸收到叶肉组织中，直接参与光合作用，制造树体营养。根外追肥能够快速为葡萄补充养分，尤其是在葡萄植株表现出缺素的情况下效果更为明显。但叶面施肥只能作为一种辅助性施肥措施，绝不能代替土壤施肥，也不是所有的化肥都适宜于根外追肥。

葡萄根外追肥所用到的肥料种类很多，由过去的单一类型演变成现在的复合类型。如叶面宝、PBO、碧护及阿尔比特等，以及传统的尿素、磷酸二氢钾、水溶性复合肥和微量元素肥料等，要在充分了解其肥料特性的基础上，合理确定使用时间及使用浓度。

根外追肥的时间：一般来说，葡萄的整个生长季都可进行根外追肥，但要根据葡萄的需肥规律进行，也就是在葡萄最需要某种元素的时候喷施，效果最好，这才能起到好肥料的作用。展叶前，喷施氮肥；果实开始膨大至生长中后期，喷施磷肥；着色期喷施钾肥；微量元素在刚出现缺乏症状后喷施。

根外追肥的次数：葡萄全生长期每年可喷施3～4次，喷施次数过多，可造成叶片老化、萎缩和枯萎等现象，严重时会出现死亡现象，得不偿失。每次喷施可单肥种喷施，也可混合喷施。

根外追肥还广泛用于葡萄营养元素缺乏的矫治，操作简单，用量少，见效快，喷后12～24 h就可见效，满足作物对营养的急需。部分营养元素根外追肥常用肥料及参考浓度见表12-4 。

表12-4　葡萄根外追肥常用肥料及参考浓度

营养元素	肥料种类	喷施浓度 /%
N	尿素	0.3～0.5
P	过磷酸钙	2.0～3.0
K	硫酸钾	0.2～0.5
B	硼酸	0.05～0.1
Fe	硫酸亚铁	0.2～0.5

续表12-4

营养元素	肥料种类	喷施浓度/%
Mg	硫酸镁	0.5～2.0
Ca	硝酸钙	0.2～0.5
Zn	硫酸锌	0.01～0.02
Mn	硫酸锰	0.2～0.3

（四）冲施肥

将液体或晶体肥等溶入灌溉用水，直接施入土壤的施肥方法称冲施肥，如钙肥、氨基酸肥、速效钾肥等。冲施肥发挥作用迅速快捷，通常由水肥一体化装置完成，操作省力省工，施肥精准科学。但冲施肥也属于辅助性施肥方法，绝不能取代传统有机肥和土壤追肥，冲施肥每年2～3次。过度使用冲施肥会降低地温，也会使土壤板结，影响根系发育等。

第四节　设施葡萄灌溉技术

设施葡萄处于封闭的环境，雨水被阻隔于设施之外，土壤水分的变化受外界环境影响较小，即使外界降雨，设施内仍需灌溉。因此，适时适量的灌溉也是设施葡萄栽培的主要管理措施。

一、设施内土壤水分变化特点

土壤湿度主要取决于灌溉量，并通过不断地蒸腾和蒸发而变化，但在设施内主要以蒸腾消耗为主。蒸腾和蒸发消耗的水分一部分随温室通风空气流动而散失，大部分在薄膜表面凝结而沿薄膜表面又补充到附近土壤。因此，同露地相比较，设施内土壤水分蒸散量少，湿度变化小，但容易造成设施中部干燥，而且随保护设施跨度的增大，干燥区域扩大。

土壤性质不同对干旱反应差异很大，黏质土壤比沙壤土耐干旱，有机质含量高的土壤比贫瘠的土壤对干旱适应性强，可以减少灌水次数。栽培过程中选择抗旱砧木，利用地膜覆盖或覆草，实现抗旱栽培，是减少灌水次数与灌水量的有效办法。

二、葡萄生长期需水规律

葡萄生长发育需要大量的水分供应，不能满足所需水分就会影响发芽、新梢生长、开花坐果、果实膨大和浆果品质。但如水分供应过多，土壤水分饱和，又将影响根系呼吸等生命活动。温室内水分过多，空气湿度大，又易诱发病害。葡萄在不同季节和不同生育阶段对水分的需求有很大差别。需求最多的时期是在生长初期，花期需水量少，以后又逐渐增多，在浆果成熟初期又达到高峰，以后又降低。葡萄浆果需水临界期是第一次膨大的后半期和第二次膨大的前半期，而浆果成熟前1个月的停长期对水分不敏感。

（一）萌芽水

葡萄萌芽，除需要一定的地温与气温外，还需要相对较高的空气湿度，应进行小水灌溉，促进萌芽和提高萌芽整齐度。灌水量以水分能渗透到湿土层即可，如果地表下10～20 cm处土层湿润，可暂不灌水。萌芽期不宜大水漫灌，易导致地温低、萌芽延迟等。

（二）新梢促长水

当新梢长到20 cm以上时，进行灌溉，可加速生长，增加有效叶面积，尽早形成营养积累，促进花芽分化，为下一年丰产奠定基础；新梢生长的同时也促进花序和花蕾的再分化与发育，为开花坐果打好基础。根据新梢的生长形态，可以判断是否缺水：新梢顶部弯曲，说明水分太大，树体处于徒长状态，应停止灌水；新梢顶部笔直，说明水分适宜，可以暂时不灌水；新梢顶部无生长点，说明水分严重缺乏，需立即灌水。

（三）花期禁水

花期灌水会导致降温和增加空气湿度，影响授粉受精，加剧生理落果，导致坐果不好和小青果增加。因此，在整个花期不能灌水。

（四）幼果膨大水

坐果后5～10 d，是葡萄浆果第一次膨大期，此时叶片发育进入最佳阶段，

光合作用与蒸腾作用需要大量的水来维持，应及时灌透水。

（五）浆果着色水

葡萄浆果进入第二次膨大转色期，此时气温尚高，叶片的蒸腾量还大，需水量较大，应灌透水。

（六）采前限制水

浆果采收前15 d内不宜灌水，否则浆果含水量提高，不耐储藏；品质下降，穗梗、果柄、果皮等脆度增加，个别品种易裂果等。如果设施内土壤呈现严重的干旱，应少量补水。

（七）树体恢复水

浆果采收后，为恢复树势，维持叶片的正常代谢，延长叶片光合功能，使树体积累更多的营养，应结合施基肥灌水。促早栽培果实采收早，树体恢复期可持续几个月，在如此长的时间内应坚持肥水管理，为下一年丰产奠定基础。

（八）抗寒越冬水

西北地区秋冬季持续时间长，温度波动较大，为避免温室内温度变幅过大，应灌足抗寒越冬水。

对于新栽植的幼树，前期灌水是为了提高成活率，促进树体生长；后期控水是为了促进新梢木质化，加速枝梢成熟，为树体安全越冬与次年结果奠定基础。对于成龄树，灌水既为了当年结果，也为了树体的健康发育。

三、设施葡萄灌水量与灌溉技术

（一）灌水量

葡萄虽属于浅根系果树，但根系发达，耐旱性较强，80%～90%的根系集中在20～60 cm表土层。因此，每次灌水量能够达到50～60 cm深，可满足树体发育的需求，不宜多灌。

设施葡萄属于保护地栽培，土壤蒸发散失量显著减少，植株蒸腾水分通过棚膜大部分又回到了土壤，灌水量仅为露地的20%～30%，温室限域栽培减少更多，这在西北干旱区意义重大。

（二）灌溉技术

葡萄灌溉传统的方法为沟灌或漫灌。这些方法费水，降低地温，灌水量不易控制，肥料淋失严重，造成浪费和损失，弊端很多。设施葡萄栽培早期也采用沟灌或漫灌，但随着国内外对灌溉方式的探索实践，近年来逐步被管灌、滴灌或渗灌、微喷灌等先进的灌溉方式所取代。

1.管灌

管灌通过管道直接把水由水源引到葡萄畦面沟灌位置，使水从龙头或阀门流出。管灌能充分减少水在输送途中的损耗，实现了高效灌溉，且容易调节与控制灌水量，有效克服土壤板结和水肥淋失。其适合于栽植密度较大的小架型设计模式。

2.滴灌或渗灌

滴灌或渗灌是在管灌的基础上，把水源直接输送到每株葡萄的根部进行灌溉，用水量更加节省，操作自动化，可控性更强，每次灌水只把葡萄根系范围内土壤湿润，从本质上克服了土壤板结和水肥淋失的缺点，也节约劳动力资源。滴灌或渗灌，使葡萄灌水量得到有效控制，结合覆膜覆草使蒸发量减小，更加节水，可把设施栽培的优点发挥得淋漓尽致，是设施葡萄栽培最理想的灌溉方式。其适合栽植密度大的小架型设计模式。

3.微喷灌

微喷灌是灌溉主管道与支管道同时悬挂在葡萄架上，地面无灌溉管道，便于土壤管理，灌溉水通过微喷头以雨珠方式均匀散落到葡萄架下，而不局限于根际，土壤受水面积大，叶片淋洗后光合作用强。其优点是灌溉均匀，能诱导葡萄根系全园均匀分布；缺点是环境湿度易随灌溉而增大，通风排湿后用水量增加。其适合栽植密度稀疏的大架型设计模式。

第五节　设施葡萄水肥一体化技术

水肥一体化技术是将灌溉与施肥融为一体的新技术，它借助压力系统（或自然落差），将配制好的配方肥液与灌溉水通过管道系统输送到葡萄根际，定期

定量供应葡萄，这将大幅节约资源，实现精准肥水管理目标，有效协调葡萄均衡生长发育。

设施葡萄水肥一体化装置以滴灌水肥一体化系统为宜，规模有整个园区一套的，可控制面积20～200亩；也有每个温室一套简易的，在单栋温室内使用。

一、基本条件

（一）水源保障

温室区域或设施内要有灌溉水源引进，或有机井、蓄水池等，水量能满足，水质要符合设备要求。园区温室集中连片，高差尽量小。

（二）肥料适宜

适宜于水肥一体化的肥料要求高度可溶性，含杂质少。可选液态或固态肥料的过滤液，一般不用颗粒状复合肥；金属微量元素应当是螯合物形成的而不是离子形式的，沼液或腐殖酸液肥，必须经过过滤，溶液的酸碱性为中性至弱酸性。

二、系统构成

滴灌水肥一体化系统由水源、首部系统、输水管网、地面滴灌管（带）构成。其运营控制有智能自动、自动和手动控制等方式。

（一）水源

西北地区干旱，且冬季结冰严重，用于水肥一体化的水源以机井或蓄水池为主。

（二）首部系统

首部系统主要包括加压泵、过滤器、施肥器和测量控制等设备。首部系统应接近水源，安装在设备房内或温室内蓄水池上。

（三）输水管网铺设

输水管网由干管、支管和毛管构成。干管、支管一般埋入地下60 cm深。干管、支管管道末端要安装排气阀。毛管一般布设在地面，与种植行垂直，上连支管，下接各田间滴灌管（带）。温室区干管埋设在室外地下，支管、毛管布设在温室地面。

（四）地面滴灌管（带）铺设

选择均匀性、抗堵性、经济耐用性好，并能满足最大滴灌用水的滴灌管（带）。管径一般选择16 mm，滴头间距与株距保持基本一致，滴头流量为1.5～2.5升/h。

三、系统运行操作和维护

（一）设备调试

将管道接好，启动压力泵对输水管道进行冲洗后再连接滴灌管（带）进行试水，及时修复或更换漏水或不通水的管带，调节减压阀使之处在正常工作压力范畴内，设备运行正常后即可投入使用。

（二）启动压力水泵

系统启动前先关闭注肥泵上的阀门，打开干管排气阀，让泵体布满水，检查电源，打开支管阀门，启动压力水泵，检查过滤器、压力表、输水管网是否正常。

（三）肥液配制与施入

提前配制好滴灌肥液，总浓度一般控制在10%以内，注入主管道稀释后的总浓度控制在0.5%左右。溶解性较差的肥料，应提前一天准备肥料溶液，加大稀释用水量并搅拌，取澄清液用于滴灌。

肥料施入时按照先滴灌，后施肥程序，在一轮滴灌湿润土层深度约40 cm时，启动注肥泵开始施肥，结束施肥后，应继续灌10～15 min清水清洗管道后再关闭系统。

（四）运行安全和系统维护

①启动前打开排气阀，让泵体补满水，严禁无水启动。

②使用一段时间后，应定期检查、清洗、维修过滤器。

③使用前后对溶肥池、施肥罐的废渣认真清理。

④更换轮灌社区时，应先打开新轮灌区阀门，再关已完毕的轮灌区阀门。

⑤每个灌溉施肥季节结束时，要按轮灌组打开各支管末端堵头，启动水泵进行高压冲洗，排除管路积存物。

⑥平时打开滴灌管末端进行冲洗，使用季完毕后可撤收入库保存。

四、设施葡萄滴灌施肥方案

设施葡萄滴灌施肥方案是根据设施葡萄需水、需肥特性和土壤、气候等条件，为设施葡萄制订的滴灌施肥方案，涉及灌水与施肥的时期、次数、定额等。表12-5为甘肃永登满城设施葡萄水肥一体化技术灌溉施肥方案，仅供参考。

表12-5　葡萄水肥一体化技术灌溉施肥方案

生育期	灌溉次数	灌水定额/(吨/亩次)	每次灌水加入的纯养分量/(kg/亩)				备注
			N	P_2O_5	K_2O	$N+P_2O_5+K_2O$	
落叶后	1	20	0	2	0	2	沟灌
萌芽前	1	15	2.9	0.7	1.5	5.1	滴管
伸蔓期	2	13	1.2	0.7	0.5	2.4	滴管
开花前	1	10	1	0.7	0.5	2.2	滴管
坐果期	2	9	0.4	0	0.5	0.9	滴管
果实膨大期	3	15	0.4	0	1	1.4	滴管
果实着色期	4	13	0.4	0	1	1.4	滴管
果实成熟期	3	8	0	0	1.5	1.5	滴管
采收后	2	12	0	0	0.5	0.5	滴管
合计	19	115	6.3	4.1	7	17.4	

注：2.17 kg尿素折合1 kg纯氮（N），8.33 kg过磷酸钙折合1 kg磷（P_2O_5），2 kg硫酸钾折合1 kg钾（K_2O）。

第十三章　设施葡萄环境调控

日光温室、大拱棚等设施内的环境，同露地差异很大。这主要是设施内温度高且变幅小；光照强度减弱，分布不均匀；封闭性环境空气湿度高；通气不良造成二氧化碳气体缺乏，有害气体不能及时排除等。因此，在了解设施内温度、光照、水分、土壤，以及风、CO_2等影响葡萄生长发育的环境因子变化规律的情况下，通过有目的的调控设施内环境，人为地提早或推迟葡萄的成熟期，抵御和规避某些不良自然灾害的影响，生产出优质葡萄是设施栽培的根本所在。因此，进行环境调控是设施葡萄栽培的关键措施。

第一节　温度调控

温度是葡萄生长发育的主要条件之一，萌芽、生长、开花、结果、落叶及休眠主要受温度影响。

一、设施内温度变化规律

温度即热量，是植物生命活动的最基本的要素，调节好温度指标，是设施葡萄栽培成功的关键。设施内的热量来源有两个途径：一是太阳辐射能，二是人工辅助加温。但目前设施葡萄栽培利用的热量基本为太阳的直接辐射。

温度的变化规律，在一天之中是白天接收太阳辐射能，温度上升快，土壤和温室墙壁以及配套设施也不断地蓄积热量而升温，至14～16时最高。夜间随着热量的散失，温度不断下降，至日出前最低。一年内，设施内温度随外界气

温、日照强度而变化，且变幅大，存在着显著的季节温差和较大的昼夜温差。在西北地区，12月下旬至1月份为日光温室气温最低期，温室内气温一般在5～25 ℃，若有连续阴雪天气时，最低温度还会下降至冰点以下。2月中旬后气温逐渐回升，3月中旬外界气温尚低时，温室内气温可达到15～38 ℃，5～9月份若不进行通风降温，温室内最高气温可达45 ℃以上，已大大超过葡萄所能忍受的高温。另外，温室内，靠近南面边缘区温度变幅大。

二、温度的合理调控

（一）选用合适的温室设施和配套设备

日光温室、塑料大棚、连栋温室和避雨棚等，其保温隔热性能各不相同，应按照温室结构和栽培目标合理安排。日光温室具有良好的保温效果，可以开展葡萄的超早促早或极度延后栽培；不加温连栋温室可开展一般的促早或延后栽培，促早或延后幅度较小；而塑料单膜大棚和避雨棚，温度环境调节幅度较小，一般用于促早栽培，并可在避雨、防霜、防冻方面发挥显著作用。

日光温室的墙体及后坡厚度、大棚覆盖保温材料等在保温方面发挥决定性作用。日光温室的保温被、草帘的性能直接影响保温效果。连栋温室通过多层膜覆盖也发挥良好的保温效果，一般每增加1层膜可提高温度2～5 ℃。大棚或连栋大棚采用2～3层膜覆盖，使葡萄提早成熟30～50 d。目前生产中还有一种专业的保温幕也得到利用，其保温效果更好。

（二）适时揭放保温材料

日光温室的保温被、草帘是增温降温的最主要设备，应视天气情况适时揭放，可以有效调节温度。冬季保温还要注意覆盖全面，尽可能不留缝隙。大棚温室多层膜的适时安放和合理使用，也有效调控了室内温度。

（三）通风系统调温

温室大棚的通风口主要是用来通风降温的，通过空气对流自然通风，热量得到散失；半自动或全自动的风扇、湿帘等通风系统，在高温季节的连栋温室发挥着调控温度和湿度的作用。通风系统的规范使用，可完全达到温度调控目标。当然，在葡萄需要升温保温的时候，需注意密闭通风系统，防止热量流失。

（四）用水调温

高温时段对设施葡萄浇水、洒水、喷水，可迅速降低地温和气温，低温天气浇水、喷水，可有效提高温度。水分热容量高，在设施中调温作用显著，简便迅速。特别是低温天气时，喷点温水可迅速解除葡萄的低温障碍。但是，在高温天气浇灌冷水，容易使土壤温度陡然下降，葡萄根系吸水和输水能力减弱，引起叶片缺水和萎蔫的生理性干旱，应以浅灌或地表洒水为宜。

（五）外源设备调温

为了应对极端天气和设备突发故障造成的高温、低温灾害，防止葡萄受到严重伤害，设施葡萄园区可配备火炉、热风炉、空调、喷水、风扇等移动式设备，以备急用。同时，有条件的可利用太阳能、风能、工矿企业余热、秸秆反应堆、地热等资源节能调温。

（六）适宜的栽培模式

日光温室葡萄超早栽培中，升温不宜过早。否则葡萄萌芽、新梢生长适逢最低气温、最短光照期，若遇寒冬天气，葡萄受到低温危害，加大栽培风险，且生产管理过程浪费人力与能源，减少经济回报。为此，应根据当地气候实际及设施保温能力，再确定合理升温时间开始生产。西北地区，普通日光温室从元月初开始梯级升温，一般30～40 d后发芽，避开了最严酷的气候。大棚促早栽培升温时间一般在2月份后。对于有供暖条件的观赏栽培，于9月下旬开始降温休眠，可在11月下旬后升温，实现超早栽培。

对于日光温室延后栽培，升温不宜过晚。否则，前期降温管理费用高，且升温后葡萄萌芽、新梢生长即遇到高温，影响正常生长。西北地区，延后升温一般为日均气温达到16 ℃，平川灌区一般在4月底，高海拔山区在5月底；浆果于10月下旬成熟，延迟采收至12月下旬，甚至元月份。

设施栽培，温度管理要随时关注天气情况，在葡萄生长的早、中、晚期，及时预防晚霜、高温和早霜。

第二节　光照调控

太阳光即太阳辐射能，是一切绿色植物进行光合作用生产有机物的能源，也是节能日光温室、大拱棚等保护设施热量的主要来源。葡萄是喜光植物，对光照非常敏感，光照强弱、时数长短对葡萄生长发育、产量和品质有很大影响。葡萄年周期变化过程中，只有休眠期、生长期内的伤流期及萌芽前期不直接需要光照，其他各时期都直接需要光照。

一、设施内光照变化规律

设施内的光照要受设施建筑方向、设施结构、透光屋面大小、形状、覆盖材料特性、干洁程度等多种因素的影响，其光照环境总体情况是光照强度比露地弱、光照时数比露地相对要短、覆盖材料对光质有影响、光照分布不均匀等。

自然光透过薄膜等覆盖材料进入设施时，由于被覆盖材料吸收、反射及内面水滴的吸收等，设施内的光照强度只有自然光的70%～80%。而在寒冷的冬、春季节或阴雪天，透光率只有自然光的50%～70%，如果透明覆盖材料不清洁和老化，会使透光率继续下降。设施内光照在空间上分布也不均匀。光照时数因设施类型而异。塑料大棚和大型连栋温室，因全面透光、无外覆盖，设施内的光照时数与露地基本相同。日光温室内的光照时数比露地要短，特别是在寒冷季节为了防寒保温，覆盖材料揭盖时间直接影响设施内受光时数。设施内光的组成（光质）也与自然光不同，主要与覆盖材料的性质有关。如以塑料薄膜为覆盖材料，透过的光质就与薄膜的成分、颜色等有直接关系，玻璃能阻隔紫外线等。光照在垂直方向上靠近薄膜光照强，向下递减。在水平方向上，南部光照度明显高于北部，在东西方向上，由于山墙的遮阴作用，东西山墙内侧各有3 m左右的弱光区。后屋面的仰角大小不同，也会影响透光率的多少。设施内光分布的不均匀性，一定程度上影响了葡萄生长的一致性。

二、光照的调控措施

（一）合理增光

1.覆盖棚膜的选择与使用

棚膜的阻光率达到10%～30%，材料不同，其差异较大。聚烯烃膜透光性较好，光强度也较高。

棚膜厚度不同对光的阻碍程度也有差别，厚膜比薄膜阻光率大，同种棚膜在强度允许的情况下应尽量选择薄的为宜。西北地区，大棚及日光温室选择棚膜厚度一般是0.10～0.12 mm。伴随棚膜老化，其透光率逐年下降。因此，要选用无滴薄膜、抗老化膜。设施表面附着灰尘会对光线穿透能力形成阻碍作用，西北地区粉尘沉降量大，应通过吹风、水洗及时除尘。

2.延长光照时间

葡萄生长初期，在温度允许的前提下，适当早揭晚盖保温覆盖物，以延长光照时间。

3.反光地膜与反光幕的应用

温室内，通过地面铺设反光地膜，后墙挂铝板、铝箔或银灰反光幕，枝间挂反光条，增强散射光，在建材和墙上涂白，可有效弥补设施内光照较弱的问题。

4.补光灯的应用

为了满足某些特殊栽培需求如观赏栽培、试验研究等，或设施葡萄超早促早栽培中，由于升温过早，设施葡萄生长往往会在12月至元月份遇到连续阴雪天气，光照时数每天小于4 h，需要用补光灯补光、升温。针对用电成本较高的问题，可安装小型太阳能和风力发电设备储电后为设施葡萄补光。

（二）光照抑制

1.设施覆盖遮光

葡萄休眠期及萌芽期是不需要光照或不需要强光照的，日光温室葡萄栽培中可采用放下保温被、草帘的方式，在对设施进行保温越冬的同时，也阻止了光线进入设施，防止设施内温度波动过大，确保葡萄正常休眠和发芽。

为了防止生长期强光照对葡萄的伤害，或便于夏秋季节工人的劳作，日光

温室可通过分时段揭放保温被、草帘调控遮光，大棚还可采用覆盖遮阳网，简便有效。

2.棚膜表面喷涂药剂遮光

强光照及高温对葡萄生长发育有不良影响。近年来，有些企业开发出专门的药剂，在强光照月份喷涂到棚膜表面，有效地抑制了光线进入设施，起到保护作用。经过几次雨水冲刷后自然脱落还原，对环境无不良影响。

第三节　空气湿度调控

葡萄是喜干热的树种，开展设施葡萄栽培，应做好空气湿度调控，为葡萄生长发育营造一个湿度较小的干热环境。

一、设施内空气湿度变化规律

日光温室空间小，气流稳定，又是在密闭条件下，不容易与外界对流，因此空气相对湿度较高。即使在晴天，白天相对湿度在80%～85%，夜间和早晨空气相对湿度也经常在90%以上，有时甚至达到饱和或接近饱和状态。这种高湿条件易引起病害的发生和蔓延。3月份以后，室外气温增高，温室通风量增大，相对湿度有所下降，中午前后可降至50%～60%。

二、空气湿度调控

葡萄只有在萌芽期需要较大的空气湿度外，其他时期对湿度要求均较低。但各阶段对空气湿度有着不同的要求，应采取积极有效的措施对湿度进行调控，满足其各阶段的需求。湿度调控具体指标参见表13-1。

（一）改变灌水方式

灌水要适量，并采用地膜覆盖、膜下灌水等措施减少土壤水分的蒸发，尽量避免大水漫灌。

（二）通风等设备降低湿度

通过通风口、抽风机通风，在调控温度的同时，降低空气湿度。还可采用抽湿器等外源设备除湿，在早期不用通风而保持温度的同时降低空气湿度。

（三）采用无滴膜减少聚水量

棚膜表面聚水量也是造成日光温室内空气湿度过高的主要原因之一，所以最好采用无滴膜。

表13-1　葡萄生长发育各阶段空气湿度指标

树体发育阶段	空气相对湿度
催芽期	90%
新梢生长期	60%左右
花期	50%左右
浆果发育期	60%～70%
浆果着色成熟期	50%～60%

第四节　设施葡萄的气体调控

温室气密性强，促早栽培为了保温蓄热，通风少或不通风，在葡萄新梢长出后，随着光合作用的增强造成温室内二氧化碳匮乏，使葡萄生长处于二氧化碳饥饿状态，直接影响葡萄的正常生长发育。同时，因施肥方法不当，忽视通风换气，使温室内有毒气体过量，危害葡萄和人员健康。另外，温室花期基本无风的状况对于葡萄授粉不利。

一、温室中二氧化碳浓度变化规律

自然条件下，大气中二氧化碳的含量通常为0.03%。但在温室密闭的条件下，二氧化碳浓度昼夜变化极大。据测定：夜间由于葡萄植物的呼吸作用和土壤中有机物分解，温室内二氧化碳浓度在0.06%～0.10%；白天随着光合作用加强，从上午10时到下午2时，二氧化碳浓度在0.01%左右，远远低于室外水平。这种现象主要在葡萄促早栽培温室中发生，时期是葡萄新梢生长至花期的温室

密闭期，而此期正是葡萄对二氧化碳需求量最大的时段。以后，随着通风透气，其浓度变幅逐渐缩小。

二、温室中有害气体主要的种类

温室中由于施用尿素、硫酸铵等速效化肥，或施肥方法不当，施用未经腐熟的有机肥，在棚内高温条件下分解产生氨气、亚硝酸气体，这些气体就会危害葡萄，并常被误诊为其他病症。如果棚膜或地膜的质量差，在阳光暴晒、棚内高温条件下，易挥发产生乙烯和氯气等有害气体。另外，破眠剂、杀菌剂、熏蒸剂等的不合理使用，也会产生有害气体。其发生的时期主要在温室升温后的密闭期，随着通风透气后逐渐变小。

三、温室气体调控措施

在温室设施密闭状态下，对葡萄生长发育影响较大的气体主要是二氧化碳和有害气体，可采用二氧化碳气肥施入和控制有害气体释放等措施来调控。

（一）二氧化碳气肥施入

在葡萄促早栽培新梢生长至温室通风之前，使用二氧化碳气肥技术，一般可增加枝梢生长量20%～30%，特别是在弱光条件下，效果更加明显。常见的二氧化碳施肥方法主要有增施有机肥、利用二氧化碳发生器、二氧化碳施肥法、使用吊带式二氧化碳气肥法等。

1.增施有机肥

土壤中施用的有机肥料，通过分解释放出大量二氧化碳，同步补偿于温室。

2.二氧化碳发生器法

二氧化碳发生器法是利用硫酸与碳酸盐反应产生二氧化碳的方法，常用硫酸与碳酸氢铵反应法。在设施内中部沿东西方向，每间隔3～4 m挂一个塑料桶，悬挂高度与葡萄的生长点齐平。将浓硫酸配成30%左右的稀硫酸溶液，每个小桶倒入0.5 kg，以后每天早晨，揭开保温被后1 h左右，在每个桶内轻轻放入100 g碳酸氢铵。晴天与幼果迅速膨大期多放，多云天与其他生长阶段可少放，阴天不放。碳酸氢铵要事先装入小塑料袋中，投放之前在小袋底部扎3～4个小孔，以便让稀硫酸液进入袋内发生反应。如果加入碳铵后不冒泡，表示稀硫酸反应完全，清除剩余溶液重新配放。清除的混合液为氮硫肥，可兑水80～100倍用于其他作物追肥，不可乱倒，以免浪费和烧伤作物。

3.二氧化碳施肥法

二氧化碳施肥法指在温室内直接施入液态或固态二氧化碳，通过挥发提高浓度。液态二氧化碳气源较纯净，不含有害物质，施用方便，使用安全可靠，但成本较高，使用时需均匀徐徐释放。也可将固态二氧化碳专用气肥（颗粒或圆片状），在行间开沟埋施，使用方法安全，肥效期长。

4.燃烧法

燃烧法是通过二氧化碳发生器燃烧液化石油气、丙烷气、天然气、白煤油等产生二氧化碳。此方法应用方便，成本低，易于控制，还可提高温室内的温度。

5.吊袋式二氧化碳气肥施肥法

吊袋式二氧化碳气肥为粉末状固体，由发生剂和促进剂组成，发生剂每袋110 g，促进剂每袋10 g，将二者混合搅拌均匀，在袋上扎几个小孔，吊置在葡萄功能叶茂密处。吊袋内的二氧化碳不断从小孔中释放出来，供植物吸收利用。一般每袋气肥使用面积30㎡左右，气肥使用有效期30 d左右，二氧化碳释放量随着光照和温度的升高释放量增大，温度过低时释放较少。

（二）有害气体控制

①要注意科学施肥。化肥施用时要少量多次，埋施或撒施后及时浇水。施用有机肥要经过充分腐熟。

②注意通风换气，通过通风换气排除设施内的有害气体。

③选用质量较好的环保棚膜，防止有害气体挥发。及时清除棚内的废旧塑料品及其残留物。不在温室内，包括缓冲间存放农药、化肥等生产资料和喷雾器、塑料管等。

④合理施用农药、化肥、促进剂，不要随意加大使用浓度和数量。

针对温室设施内无风环境对授粉不利的状况，可在温室里放蜂，为葡萄授粉，并作为检测农药的灵敏生物。也可在花期通过吹风机循环吹风为葡萄授粉。

第五节　设施葡萄产期调节

葡萄在设施条件下，可人为通过一些技术手段和措施调整设施内微生态环境，从而调整葡萄的物候期，可实现葡萄提早或延迟上市供应，调节产期，均衡上市供应。因此，产期调节是设施葡萄栽培的出发点，又是设施环境调控的落脚点。

一、我国葡萄产期调节状况

近20年来，我国设施葡萄产业得到空前发展，产期得到较大幅度调节，加之我国南北气候的巨大差异，一年四季都可有鲜食葡萄上市，伴随该产业的逐渐完善，将形成我国独特的鲜食葡萄产业供应链。

（一）日光温室葡萄产期调节

日光温室是我国葡萄设施栽培的主要类型，主要用于超早促早、普通促早、延迟栽培及延迟采收等方面，日光温室与其他设施结合，可基本实现葡萄的周年供应。

目前，日光温室葡萄促早栽培，由于面积尚小等原因，早期市场价格高，基本供不应求；延迟栽培及延迟采收生产起步晚，但发展潜力很大，特别是日光温室延迟栽培，将带动北方秋冬季葡萄产业的大发展（表13-2）。

表13-2　日光温室葡萄产期调节表（沈阳，2015—2016）

栽培模式	升温时间	上市时间/月											
		4	5	6	7	8	9	10	11	12	1	2	3
超早促早	11～12月	●	●	●									
普通促早	1～3月		●	●	●								
延迟采收	4月初							●	●	●	●		
二次果生产	4月初								●	●	●		

日光温室开展超早促早与普通促早栽培，要在寒冷季节开始生产。从设施保温方面分析，需要保温效果好的设施类型；从地区温度环境适应性方面分析，冷凉地区比寒冷地区表现良好。而日光温室延迟栽培及延迟采收，需要的设施保温性可略差些，地域也可以略寒冷一些。目前，日光温室葡萄促早栽培在我国华北及东北中南部等冷凉地区面积较大；日光温室延迟栽培，在西北较寒冷地区面积较大。

（二）大棚葡萄产期调节

大棚具有封闭性，也有一定的保温效果，能够起到调节葡萄产期的作用，但对葡萄产期调节幅度较小。生产中，大棚比普通避雨棚更具优势，南北方都发展很快。目前大棚主要用于葡萄促早栽培，一般可使浆果提早20～50 d上市。

在我国南方（如广西南宁、云南元谋等地），大棚栽培早、中熟品种可实行两季生产，一茬果6月上市，二次果可推迟到10～12月采收。北方大棚通过多层膜覆盖，二次果生产也取得良好效果。同时，我国有许多地区对大棚设施进一步改进，如辽宁熊岳地区，大棚覆盖保温材料，如草帘、保温被等，对葡萄产期调整幅度进一步加大；浙江嘉兴地区、云南元谋等地对避雨棚封闭式管理，发挥类似大棚的保温效果，促进葡萄提早上市，创造了良好的经济效益。

葡萄大棚栽培在发挥促早作用的同时，还发挥定向栽培的作用。所谓定向栽培，即按照人们预定时间使葡萄在适时采收上市的栽培模式。

通常情况下，葡萄成熟后可在树上挂果1～3个月，发挥活体储藏保鲜、延迟采收的作用。在我国，葡萄可延迟采收的这一特性并没有得到有效利用，浆果采收上市过早、品质较低是我国设施葡萄乃至露地葡萄缺乏国际市场竞争力的主要原因之一。而在日本，葡萄尽量延迟到完熟状态采收，达到了最佳品质。

我国中秋节前后是葡萄销售的最旺季，市场上葡萄销售量是平时的几十倍，产品根据质量价格也显著拉开，为此高档葡萄生产已经悄然兴起。在科学控产的前提下，尽量完熟采收，确保浆果最理想的品质，结合观光采摘、网络等直销模式，实现了良好的经济效益与社会效益。

二、日本设施葡萄产期调节状况

日本是世界上葡萄促早生产做得好的国家，主要通过玻璃温室与大棚栽培，设施表面不覆盖其他保温材料，为了实现超早促早生产，一般采用双层膜覆盖，再通过热风炉增温等来实现保温。

超早促早于头年12月升温，翌年5月鲜食葡萄开始供应，早上市价格高，但生产风险较大，采用超早促早模式生产的农户非常少。为此，日本设施葡萄通常还是以开展促早或普通促早栽培为主，浆果6～8月上市，单层膜或双层膜覆盖模式受到农户欢迎，生产没有风险，设施投资小，产值也较高。露地葡萄保持较小的面积，8月中旬至10月中旬集中上市，日本葡萄促早产期调节见表13-3。

表13-3　日本葡萄促早产期调节表

设施类型	升温时间	上市时间 /月											
		4	5	6	7	8	9	10	11	12	1	2	3
超早期加温	12月升温		●										
早期加温	1月升温			●	●								
普通加温	2月升温				●	●							
半加温或无加温	3月升温					●	●						
露地或避雨棚							●	●	●				

日本秋冬季市场的葡萄供应部分依赖于延迟采收而不是储藏，即使露地栽培的巨峰，有一部分也能推迟到11月采收，部分阳光玫瑰甚至可推迟到12月初采收。鲜食葡萄市场销售期延长2个月以上，有的农户专门在这段时间上市，市场很稳定。11月末开始，从南半球进口的葡萄开始上市，品种如无核白、秋黑及红地球等，弥补本国市场空缺，价格低于日本国产新鲜葡萄，大约是日本国产新鲜葡萄的1/3。

三、设施葡萄产期调节原则

我国幅员辽阔，各地气候环境差异较大，葡萄通过设施调节可实现周年供应。但盲目追求早上市是目前南北葡萄生产的共同误区，为葡萄生产带来巨大隐患。合理的产期调节应充分考虑品种休眠特性、设施保温能力、市场需求和地区气候。

（一）根据葡萄休眠需冷量确定

葡萄正常的生长发育是需要休眠的，如果休眠不能满足，树体就无法正常发育和结实。目前我国北方（辽宁）日光温室及南方（云南）大棚超早栽培时都存在严重的休眠不足问题，整栋设施或全园区大幅减产的情况频繁发生，必须重视这一问题。

（二）根据设施保温能力确定

设施保温能力不够时，不宜盲目促早生产，否则易受到阴雪天气造成低温冻害的威胁。北方日光温室及大棚、南方大棚近年来都出现过严重的冻害，部分地区即使没有发生低温冻害，但设施温度长期过低，影响萌芽及开花等进程，白白浪费资源。

（三）根据市场需求确定

目前决定我国市场葡萄价格的最主要因素还是供应量多寡。早期（每年12月到次年4月）供应量少，葡萄市场价格高，随着更多的种植者追寻这个市场，葡萄供应越来越多，即我国各阶段葡萄市场都将趋于饱和，到那时葡萄品质因素必将决定市场价格，最终变成决定葡萄价格的主要因素。为此，要求葡萄生产者应在地理环境、设施环境充分满足的前提下生产最优质的葡萄，最终走向区域化，即形成不同时间、不同产地葡萄主导不同阶段市场的稳定局面。

（四）根据不同地域确定

纬度、海拔不同，早春日照长短及环境温度差异非常大，纬度越高，冬季温度越低，越寒冷，升温与浆果上市时间应越晚，越适宜于延后栽培和延后采收。

（五）充分依赖延迟采收

西北冷凉灌区设施红提葡萄延后栽培后，通过活体保鲜可推迟到1～2月采收，鲜食葡萄市场销售期延长2个月以上，有的农户专门生产葡萄在这段时间

上市，使冬季市场的葡萄供应靠延迟采收而不是储藏，保证果品质量，弥补市场空缺。

四、日光温室葡萄促早栽培主要模式

（一）升温与上市时间的合理确定

日光温室葡萄促早生产需要在严寒的冬季进行，这阶段日照时间短、环境温度低，是葡萄生长发育的不利因素。因此，要按照产期调节原则确定升温时间与浆果上市时间，即在掌握品种休眠特性和本地气候特征的基础上，通过预测市场，根据设施状况制订出促早栽培升温时间。规模较大的葡萄园，还可错时升温，以勿违背该规律为宜。

（二）主要的促早栽培模式

1.超早促早栽培

设施要求：多层覆盖，有升温设备，保温良好。设施内1月份最低温度大于10 ℃。

升温时间：11月末至12月末。

休眠方法：前期（10月初至11月中旬）开展预休眠引导处理，即每天白天覆盖保温物减少热量吸收，晚上揭开且通风降温，尽量使树体处于低温及黑暗的环境。后期（11月中旬开始）设施一直覆盖降温。设施葡萄超早栽培休眠时间较短，休眠往往不充分，升温阶段必须使用石灰氮等破眠剂打破休眠，但有一定的休眠障碍现象。为了克服休眠障碍，浆果采收后每年应采取更新修剪恢复树势。

品种选择：选择休眠期短的品种如着色香、维多利亚、87-1、无核白鸡心、香妃等。

2.早促早栽培

设施要求：多层覆盖，无升温设备。设施内1月份最低温度大于10 ℃。

升温时间：12月末至翌年1月末。

休眠方法：从10月中旬至1月初始开展休眠处理，即设施覆盖保温物，尽量使树体处于低温及黑暗的环境，一直到升温。该休眠方法较彻底，一般没有休眠障碍，但为了促早生产，升温后还需用石灰氮等破眠剂破眠。

品种选择：选择休眠期较长的品种，如京亚、夏黑、康稳等。

3.普通促早栽培

设施要求：单层覆盖，无升温设备。设施内2月最低温度大于10 ℃。

升温时间：1月末至2月末，具体根据设施保温能力及地区寒冷程度而定。

休眠方法：从10月中旬开始休眠，一直到升温。该休眠方法彻底，无休眠障碍，升温后不需石灰氮等破眠剂破眠；通常花芽分化良好，不需更新修剪。

品种选择：适于温室促早的品种均可。

（三）升温阶段的温度管理技术

萌芽期，实行阶梯式缓慢升温，目的是提高地温、控制气温，保证树体地上、地下协调增温，达到萌芽整齐、树体发育健壮的目的。日光温室一般升温开始10 d内设施要实行低温管理，往往用揭盖保温被、草帘等调控温度，前5 d揭1/3，后5 d揭2/3，10 d后可以全揭开，同时通过设施顶部放风口调节温度，温度白天控制在15～20 ℃，夜间温度控制在8～10 ℃，10 d以后逐渐提高温度，到15 d以后，温度白天控制在20～25 ℃，夜间保持在10～15 ℃为宜。

五、日光温室葡萄延后栽培温度管控模式

日光温室葡萄延后栽培的品种为晚熟或极晚熟品种，地区以西北冷凉区为宜，特别以海拔高、年生长期短、有效积温低的西北高原冷凉区、高寒冷凉区及冷凉山区最为适宜。温度调控的关键是前期要尽量延迟萌芽、开花和成熟，后期要注意保温、保鲜推迟采收。

（一）前期降温

在头年葡萄采收后至翌年葡萄发芽前覆盖温室，尽量让温室内的葡萄不见阳光，温室土壤饱灌冬水，冬季以水蓄冷。3月中旬后，当气温逐步回升，在棚内温度白天达10 ℃以上后，可以采取白天覆盖保温被帘，夜间揭帘并打开通风口的方法让冷空气进入棚内，尽量使其推迟发芽。

（二）后期保温

在当地早霜来临前要及时扣棚，一般掌握在夜间温度下降到8 ℃时上棚膜。白天最高温度控制在30 ℃左右，夜间温度保持在12～15 ℃。扣棚初期白天可适

当放风，使温室内温度和湿度不要太高，而到10月中下旬后，随着外界温度降低，要注意防寒保温。白天温度保持在20～25 ℃，夜间应维持在7～10 ℃之间，空气相对湿度应保持在70%～80%。而到12月中旬至元月份，就更要注意加强防寒保温，白天温度保持在20 ℃左右，夜间在8 ℃左右，最低也不应低于5 ℃。

（三）延缓叶片衰老

叶片的衰老主要体现在叶绿素的降解方面。葡萄的延后栽培中，除了保持一定的光温环境，保证叶片新陈代谢所需外，还可通过对树体喷施GA_3和碧护，在其根部追施氨基酸活性肥等，控制叶绿素的降解，延缓叶片衰老的时间。可有效增加叶片活性，实现延长浆果树上储藏，促进葡萄充分成熟的目的。

六、设施葡萄二次结果生产技术

葡萄二次果生产技术是指利用一定栽培措施，使葡萄主梢或副梢上当年形成的夏芽或者冬芽当年萌发成花，结二次果的技术。对于露地栽培，利用二次结果可弥补葡萄因晚霜冻等自然灾害或修剪不当致使一次果产量降低的问题。设施栽培则可充分利用光热资源丰富，达到葡萄一年两收的效果。其也属于促早和延后栽培结合的形式。

（一）葡萄一年两收的生理生化基础

葡萄的二次结果技术，即利用葡萄夏芽在一年内可多次抽生、多次成花，及冬芽内花芽的生理分化多在当年5～8月完成的特性，结合一定措施使其萌发成花结二次果的技术。葡萄夏芽具有早熟性，在适宜的环境条件下，利用修剪措施可使夏芽副梢多次萌发并开花结果。而葡萄夏季冬芽在形成当年一般不萌发，只有在遭受修剪、药剂处理、干旱、病虫害等外界刺激或胁迫条件下才会加快枝条老化成熟，从而促进花芽分化、打破休眠萌发形成冬芽副梢及开花结果。

（二）一次果管理技术

1.修剪破眠

为使一次果在6月上旬成熟上市，在头年12月下旬喷施乙烯利促进枝梢老化，冬剪以短梢（3～4芽）修剪为主。一次果促早栽培需要打破休眠，促使其提早萌芽。使用芽灵（主要成分为单氰胺）15倍液直接涂抹或喷施结果母枝（顶芽不涂），或将芽体上方枝蔓锯伤后涂抹，可使得芽眼提早萌发和萌芽整齐。破眠处理后全园灌水。

2.设施保温

修剪破眠后及时覆盖棚膜及密闭四周围膜，有利于保温。按促早栽培管理方式，做好温室保温和生长发育阶段的温度管理。

3.枝梢管理

早春做好抹芽定梢（抹除细弱芽、副芽，留饱满芽；新梢10～20 cm时定梢，每亩留带花序新梢2000条）、新梢引绑（新梢长30～50 cm，间距20 cm时引绑至架面）及摘心与副梢处理（花前1周左右，结果枝在花序以上留5片叶摘心，营养枝留8片叶摘心，枝条顶端留1～2个副梢反复摘心，果穗以下副梢全部抹除）等工作。

4.花果管理

一次果按照每亩产量控制在1200 kg以内为宜，按促早栽培管理，在6月上中旬采收，提早上市。

（三）二次果管理技术

1.修剪破眠

一次果采收结束后，每亩施复合肥20 kg、有机肥800 kg，促进采后树体恢复。7月下旬喷施80%硫黄＋乙烯利促进枝梢老熟和营养回流。一般8月上旬叶片黄化落叶后，根据葡萄植株长势和自身营养状况，选留健壮的结果母枝回剪，留8芽并剪除所有副梢，修剪后及时对顶芽涂抹破眠剂，确保后期萌发整齐。涂抹破眠剂后要全园灌水一次，保持土壤湿度，促进葡萄萌芽抽梢。新梢抽生期（8月中旬）开始抹芽，抹除侧芽，留2～3个靠近顶端的健壮芽。抹芽后，对伤口统一进行杀菌处理。

2.花果管理

8月下旬葡萄花序抽生后，根据枝条营养状况，一般每结果枝留1个花穗，细弱枝不留花穗。同时合理疏花，适度控产，二次果亩产控制在800 kg左右。葡萄果粒长至黄豆大小时（9月中旬）进行果穗修整，疏除病果、小果、内部

果，选留健壮果60～80粒（果粒为自然大小，未做处理）。疏果后喷1次杀菌杀虫剂，果穗套袋，采前及时摘袋促进浆果着色。同时，后期要按照延后管理技术模式，注意保温、保鲜推迟采收，达到延后栽培的效果。

3.肥水管理

葡萄二次果肥水管理与正常设施葡萄栽培一致，前期注重氮肥施入，保证充足的水分供应，促进枝条生长和花芽分化的完成，尽快形成足够的叶面积，确保二次果的产量和翌年丰产。着果后加大磷钾肥的补充，促进营养向果实转化，有利于着果及果实发育。浆果采收后做好施肥，为下年生长奠定基础。

第十四章　设施葡萄休眠期管理

设施葡萄栽培，由于环境条件的改变，休眠期管理也会出现新的技术问题。在掌握休眠特性的基础上，应科学管理。

第一节　葡萄休眠

一、葡萄休眠特性

葡萄的休眠是指从秋季落叶到次年树液开始流动这一段时间，一般可分为自然休眠期和被迫休眠期两个阶段。自然休眠是葡萄在深秋短日照和低温的条件下，停止生长发育活动，须经过一定时间的低温，满足低温累积量后才能解除休眠。自然休眠期，即使给予适宜的条件，葡萄也不能萌发生长，或虽萌芽、开花，但坐果率低。被迫休眠期如遇适宜的气温、水分和光照即能发芽生长。因此，栽培过程中必须让葡萄充分完成自然休眠。

葡萄休眠是对环境的一种适应性表现，是在长期进化过程中形成的一种抵御不良环境的自我保护方式。葡萄植株经过夏季营养积累与秋季陆续低温锻炼之后，便进入越冬休眠状态。葡萄植株器官不同，越冬休眠有差异，一般枝芽休眠深，而根系没有休眠。枝芽具有休眠的特性，对外界环境适应性强，而根系没有休眠特性，对外界环境适应性差，应加强对根系的越冬保护。

二、葡萄休眠时期与需冷量

在露天条件下，西北地区葡萄自然休眠在9月下旬至12月下旬，而被迫休眠时间在12月下旬至次年4月下旬。

葡萄的自然休眠是需冷量的积累，环境温度低，休眠期短；温度高，休眠期延长。葡萄一般需经过0～7.2 ℃低温800～1500 h才能够完成休眠。当温度在0～5 ℃时，一般需要800～1200 h。同时，品种不同，需冷量存在明显差异，一般早熟的品种需冷量少，中熟或者晚熟的品种需冷量更多。如金星无核、紫珍香需冷量为600 h，巨峰、京亚为800多小时，森田尼无核近1100 h，无核早红为1600多小时等。

第二节　西北地区设施葡萄休眠与防寒措施

一、设施葡萄休眠

西北地区冬季漫长且寒冷，加之通过设施控制早期光照和温度，可以缩短休眠时间。因此，设施葡萄栽培不论是促早还是延后，不仅有彻底而集中的自然休眠，甚至还有被迫休眠的时间。

一般情况下，促早栽培正常于10月下旬开始休眠，次年元月份升温，自然休眠时间约1500 h，无休眠障碍风险。延后栽培最迟于元月底休眠，次年4月下旬后升温，休眠时间超过2000 h，可完全满足自然休眠。因此，正常情况下，西北地区设施葡萄自然休眠时间充足。

二、设施葡萄越冬防寒

我国北方露地栽培葡萄需要下架埋土防寒，通过温室及大棚等设施保温栽培，不必下架防寒，可以简化防寒步骤。

（一）日光温室葡萄防寒

日光温室葡萄通过棚膜外覆盖保温被和草帘，可保持设施内较高的温度、

湿度及稳定的低温度条件（一般不低于-12 ℃），葡萄植株完全可以安全越冬，防寒措施简化。如遇极寒天气，可在白天揭被升温，提高室内温度。

（二）大棚葡萄防寒

塑料大棚有一定的保温效果，但为了防止冬季连续阴雪天气和极端寒冬，采用单层膜大棚表面覆盖和双层膜大棚内层表面覆盖防寒法，可保证西北地区大棚葡萄安全越冬。

单层膜大棚表面覆盖防寒的做法是：树体不修剪、不下架，11月中下旬封闭大棚，在大棚表面覆盖厚度0.14 mm的黑白双面塑料、针刺棉或保温被等保温材料，次年3月中旬解除覆盖材料。这种防寒方法，冬季设施内温度不低于-15 ℃，且湿度高，但要求设施有较大的强度。

双层膜大棚内层表面覆盖的具体做法是：树体同样不修剪、不下架，11月中旬内层设施用一层塑料封闭后，在内层设施表面覆盖黑塑料、针刺棉或保温被等保温材料，次年3月中下旬解除内层保温覆盖物。该方法适宜于钢架结构连栋大棚葡萄越冬时应用，防寒保温效果更好。

第三节　设施葡萄休眠的解除与休眠障碍

一、葡萄休眠的打破与解除

葡萄自然休眠是生理表现，在得到满足后，依赖升温可自然打破；而当自然休眠没有得到满足，设施促早栽培需要葡萄提前生长发育时，必须通过人工的方法打破和解除休眠。

葡萄通过使用破眠剂来帮助解除休眠。葡萄的破眠剂有很多种，比如氰胺类破眠剂、矿物油+二硝基邻甲酚、硝酸钾、硫脲、生长调节剂类破眠剂等。氰胺类破眠剂使用方法比较简单，效果稳定，所以葡萄破眠上基本使用氰胺类破眠剂。常见的有石灰氮和单氰胺两种，两者皆以单氰胺为有效物质。单氰胺通过改变休眠组织新陈代谢的平衡，促进生长抑制物脱落酸提前降解，一定程度上代替低温的生物学效应，理论上能够代替20%～30%的需寒量，最终导致休

眠的打破。

破眠剂一般在设施葡萄的伤流期前后开始使用。葡萄伤流的出现，标志着根系已经吸水，植株生长发育正式开始，此时使用破眠剂，能被植株吸收并发挥作用，过早使用作用甚微或根本无作用。葡萄萌芽后不能再使用破眠剂，否则将对新芽造成伤害。

石灰氮的使用方法：通常是将50～70 ℃的温水5～7倍倒入石灰氮中，搅拌均匀，加盖浸泡2 h以上，自然冷却后，用刷子将悬浮液涂于整个枝条上，或取其澄清液直接喷在枝条上，也可用10～20倍石灰氮点芽。

单氰氨的使用方法：选用50%的可溶性液剂，配制成20～25倍液抹芽或喷雾，使用时切勿漏涂漏喷，要做到枝枝喷到、芽芽见药。

二、设施葡萄休眠障碍

葡萄使用破眠剂后，虽然打破了休眠，促进了萌芽，但也会表现出诸多非正常现象称为休眠障碍。休眠障碍问题在北方日光温室促早栽培中表现突出。

休眠障碍表现为：萌芽不整齐，萌芽率、成枝率有所降低；花序分化少，浆果大小分化较多，不能连续丰产等；叶片早期黄化、脱落；树势衰弱，提前老化等。休眠障碍还随设施保温能力、设施内树体位置及品种不同，表现出较大的差异。

调查发现，在10月至11月破眠发芽（二次果生产）常表现严重的休眠障碍，有时甚至绝产。休眠障碍说明，促早生产不可盲目追求过早，应尊重自然规律，在树体休眠需求得到尽量满足的前提下开始生产，可以在12月至来年1月升温。

休眠障碍一旦发生，当年通过任何方法是无法克服的，只能承担其恶果。当年果实采收后，通过对树体平茬更新等方法，树势可得到恢复。次年在休眠得到满足后适时升温，不再表现休眠障碍症状；以后休眠不足而升温，还会重复表现休眠障碍症状。休眠障碍出现后，当年如果不采取平茬更新等措施，以后树体将严重衰弱。

避免休眠障碍的方法：一是满足休眠需求。当年升温前，尽量满足树体休眠需求，做到适时升温，在合理时间段升温，或早期控制光照和降温引导促早休眠。二是解除休眠障碍。树体一旦表现休眠障碍，解除休眠障碍最有效的方法是平茬等修剪更新，恢复树势。

第十五章　设施葡萄病虫害绿色防控

葡萄是世界上最古老的果树树种之一，栽培面积大，地域范围广，品种类型多，种植模式全。葡萄又属于易感病虫果树，病虫害种类多，发生规律复杂。葡萄病虫害是一种自然灾害，直接影响葡萄的产量、品质和市场供应。因此，注重做好病虫害防治是葡萄栽培管理的一项主要任务。特别是葡萄浆果供人们直接鲜食，安全、有效的绿色防控就显得特别重要。

第一节　设施葡萄病虫害发生特点

温室同露地不同的环境条件，使病虫的生存环境发生了较大改变，势必对露地葡萄常规病虫害造成不利影响，但对某些病虫害的发生又有利，呈现出了病虫害发生新的特点，了解掌握这些特点，对于科学防控非常重要。

一、土传病害和地下害虫严重

温室栽培面积有限，品种单一，导致了土壤微生物失衡，病菌的积累量增加。同时，温室内温度高，土地翻晒困难，病原菌和地下害虫越冬安全，存活率高，有利于根腐病、白腐病、霜霉病及地老虎、金针虫、金龟子等根部病虫害迅速大量地繁殖和流行，甚至可以周年发生。

二、喜湿病虫害发生严重

温室内湿度高，在密闭环境下，空气相对湿度常常达到90%～100%，加上棚膜、屋面的滴水，植株表面常有水滴，致使葡萄灰霉病、霜霉病、炭疽病、软腐病等病害发生严重，喜潮湿环境的害虫，如蜗牛、蛞蝓等发生严重 。

三、小型害虫占据主导地位

设施栽培的葡萄由于管理强度大，大型的食叶害虫、蛀干害虫一般发生少，而小型害虫如蚜虫、介壳虫、叶螨等既可在露地越冬，又可在棚室内继续生长繁殖造成危害。尤其是蚜虫在棚室内可世代重叠危害，造成树势减弱。另外，在北方露地不能越冬的而在棚室内可以越冬的、周年繁殖危害的白粉虱，也成为棚室栽培的重要害虫之一。

四、设施内外病虫害交替发生

温室揭膜和打开上下通风口的时间，也正是露地病虫害种类多、密度大的时间。温室区域、大棚间病菌、害虫潜入温室内越冬和繁衍，或从室内迁移室外，室内外重叠交替发生，新的病虫害大量出现。新温室病害很轻，连续多年的温室病害往往较重。

五、生理性病害增多

因温度变幅剧烈、光照差、有害气体等使害虫问题相对较轻，但造成的生理病害问题较为突出，日灼病、酸腐病、生理性裂果病、落花落果病、水灌子病、缺素症等经常发生。

第二节　设施葡萄主要病虫害及发病规律

一、主要病害及发病规律

设施葡萄病害分为浸染性病害和非浸染性病害。浸染性病害有真菌病害、细菌病害和病毒病害等，在西北冷凉灌区设施葡萄栽培上，发生的真菌、细菌浸染性病害主要是葡萄灰霉病、霜霉病、白粉病、黑痘病、白腐病、褐斑病、炭疽病、葡萄酸腐病等；病毒病害有葡萄扇叶病、葡萄卷叶病、葡萄根癌病等。

（一）葡萄灰霉病

葡萄灰霉病是一个世界性病害，低温、阴湿的气候条件，非常有利于葡萄灰霉病的发生。葡萄灰霉病浸染葡萄，在产量和品质上都会造成影响，不但造成产量降低，而且在葡萄的储藏、运输过程中继续腐烂，也是葡萄储运过程中的重要病害。

1.危害症状

葡萄灰霉病危害花序、幼果和成熟果实。花穗多在开花前发病，花序受害初期似被热水烫状，呈暗褐色，病组织软腐，表面密生灰色霉层，被害花序萎蔫，幼果极易脱落；果梗感病后呈黑褐色，有时病斑上产生黑色块状的菌核；果实在近成熟期感病，先产生淡褐色凹陷病斑，很快蔓延全果，最后软腐。

2.病原菌和发病规律

该病为真菌性病害，病原菌为灰葡萄孢霉菌。通风不良，湿度大，昼夜温差大，偏施氮肥，葡萄易发病。该病的发病温度为5～31 ℃，最适宜发病温度为20～23 ℃，空气相对湿度在90%以上时发病严重。此外，管理措施不当，如枝蔓过多，氮肥过多或缺乏，管理粗放等，都可引起灰霉病的发生。葡萄在储藏期间也易发生此病。

（二）葡萄霜霉病

葡萄霜霉病危害葡萄地上部幼嫩组织，如叶片、新梢、花穗和果实等，是中国第一大葡萄病害。葡萄霜霉病在葡萄产区广泛发生，每年都会带来不同程度的损失，个别多雨年份还会造成病害的暴发和流行，致使叶片早期脱落或焦枯，植株生长不良，果实产量、品质降低。生长早期发病可使新梢、花穗枯死；中后期发病可引起早期落叶或大面积枯斑而严重削弱树势，影响下年产量。病害引起新梢生长低劣、不充实、易受冻害，导致越冬芽枯死。

1.危害症状

葡萄霜霉病叶片发病由最初的水渍状，逐渐依次变为淡绿色、黄绿色、红褐色，尔后叶背出现霜霉层。新梢受害处生出水浸状褐色斑，严重时新梢扭曲，

停止生长甚至枯死，湿度大时病斑上产生霜状霉层。幼果受害后产生水浸状淡褐色斑，湿度大时幼果上产生灰白色霉层。设施葡萄霜霉病的典型特征是叶背产生白色霉层。

2.病原菌和发病规律

病原菌为葡萄生单轴霉，多细胞核，直径8～10 μm，病原以吸盘凹入细胞壁而被包住，然后进入细胞吸收养料，是专性寄生菌，以卵孢子在病组织上过冬或随病残体落地在土壤中过冬。春季在条件适宜时卵孢子萌发产生孢子囊，由孢子囊产生游动孢子借风雨传播，从叶背气孔侵入，潜育期约10 d。在葡萄生长期内可多次浸染。最适浸染的临界值为连续降雨超过4 h，大于90%空气湿度连续超过6 h，平均温度11 ℃以上，其中前两个条件必须同时满足。在秋季多雨、多露和低温时此病易发生。一般6月即可发病，8～9月为发病盛期。

（三）葡萄白粉病

1.危害症状

葡萄白粉病主要危害葡萄梢和叶，严重时果实也能感病。叶片感病产生覆有一层粉状物的白色斑块，严重时布满全叶，病叶卷曲、枯萎脱落。新梢、叶柄、果梗和穗轴感病表面出现黑褐色网纹，上有白粉状物。幼果感病先褪绿，斑块上有星芒状花纹，上有白粉状物，病果停止生长或畸形，味酸。长大的果实感病表面有网状纹路，易裂开。

2.病原菌及发病规律

病原菌为子囊菌类钩丝壳属，无性态属半知菌类粉孢属。病原菌以菌丝体在被害组织上或芽鳞片内越冬，来年春季产生分生孢子，借风力传播到寄主表面。菌丝上产生吸器，直接伸入寄主细胞内吸取营养，菌丝则在寄主表面蔓延，受吸器的影响，果面、枝蔓以及叶面呈暗褐色。葡萄白粉病的生长和发育要求较高的温度，菌丝生长的最适温度为25～30 ℃，病害一般在6～9月发生。

（四）葡萄黑痘病

1.危害症状

葡萄黑痘病叶片感病初期叶面出现圆形或不规则形红褐色斑点，中部凹陷，呈灰白色，边缘呈暗紫色，后期常干裂穿孔。新梢、叶柄、果柄感病形成长圆形褐色病斑，后期病斑中间凹陷开裂，呈灰黑色，边缘紫褐，发生严重的枯死。

幼果感病初期出现深褐色斑点，逐渐形成圆形“鸟眼状”病斑，四周紫褐色，中部灰白色，后期表面硬化，有时龟裂。多个病斑可连成大斑，病斑仅限于果表，不深入果内，病果果小味酸，丧失食用价值。

2.病原菌及发病规律

病原菌属半知菌类痂圆孢属。病原菌以菌丝体在病枝梢溃疡斑内越冬，也能够在病果及病痕内越冬，来年5月产生分生孢子，借风雨传播，进行初次浸染。其远距离传播主要靠苗木和插条。春季葡萄萌芽后开始直至9月间均可发病。

（五）葡萄白腐病

1.危害症状

葡萄白腐病俗称腐烂病，主要危害果穗，也危害新梢、叶片等部位，是葡萄生长期引起果实腐烂的最主要病害，严重时导致绝产绝收。果穗感病在穗轴和果梗上产生淡褐色、水渍状、边缘不明显的病斑，逐渐扩大抑制果粒或下部果穗发育，使果粒皱缩。枝蔓感病多在有机械伤或接近地面的部位发病。果粒感病初期为浅褐色水浸状腐烂，后期病粒及穗轴病部表面产生灰白色小颗粒状分生孢子器，湿度大时由分生孢子器内溢出灰白色分生孢子团，近熟期病果易脱落，病果干缩时呈褐色或灰白色僵果。青果失水成黑褐色干果，挂在树上不易脱落。叶片感病先在叶尖、叶缘或有损伤的部位形成淡褐色、水渍状、近圆形或不规则形的病斑，并扩大为同心轮纹大斑，其上散生灰白色小粒点，且以叶背和叶脉两边居多，后期病斑干枯易破裂。

2.病原菌和发病规律

病原菌无性态为白腐垫壳孢，半知菌亚门垫壳孢属。其以分生孢子附着在病组织上越冬，并能以菌丝在病组织内越冬。散落在土壤表层的病组织及留在枝蔓上的病组织，在春季条件适宜时可产生大量分生孢子，借风雨传播，由伤口、气孔等部位侵入，经3～5 d潜育期即可发病，并多次重复浸染。该病菌在28～30 ℃，大气湿度在95%以上时发生。高温、高湿多雨的季节病情严重，雨后出现发病高峰。自6月至采收期都可发病，果实着色期发病率增加。

（六）葡萄褐斑病

1.危害症状

葡萄褐斑病又称葡萄斑点病、褐点病、叶斑病等，仅危害叶片，发病通常自下部叶片开始，逐渐向上蔓延，有大褐斑和小褐斑2种。大褐病斑直径3～10 mm，严重时病叶干枯破裂早落，病斑周缘淡褐色湿润状，中间有黑色圆环形纹，后期病斑上生灰色或深褐色的霉状物。小褐病斑直径2～3 mm，近圆形或不规则形，呈褪色小斑，中部颜色稍浅，天气潮湿时病斑背面有一层较明显的黑色霉状物。

2.病原菌和发病规律

大、小褐斑病病原菌分别为葡萄假尾孢菌和葡萄座束梗尾孢，均为半知菌亚门真菌。病菌以菌丝体在病组织内越冬，来年春天气温升高、降雨或潮湿条件下，越冬菌丝或孢梗囊产生新的分生孢子，借气流或风雨传播到叶片上，萌发芽管侵入叶片，不断进行再浸染。高温高湿、管理粗放、施肥不足、树势衰弱、地势低洼或负载量过大等均是造成该病较重发生的主要因素。

（七）葡萄炭疽病

1.危害症状

葡萄炭疽病主要危害果粒和叶片，造成果粒腐烂。果实着色后近成熟期显现症状，果面产生针头大小淡褐色斑点或雪花状斑纹，逐渐扩大，变褐至黑褐色圆形病斑，密生轮纹状小黑点。天气潮湿时，病斑表面涌出粉红色黏液即分生孢子。近熟时病果上病斑迅速扩大可达果实半面以上，浆果逐渐失水干缩，振动易脱落，味酸而苦。其危害枝干、叶片时大多为潜伏浸染，无明显症状。

2.病原菌和发病规律

病原为胶孢炭疽菌，病菌主要以菌丝体在结果母枝、一年生枝蔓的表层组织、病果等处越冬。残留在葡萄架或植株上的病果穗、穗轴、卷须、叶柄等，也是病原菌越冬的场所。病原菌于第二年幼果期产生大量分生孢子，借助风雨、昆虫传播到幼嫩的果穗，通过皮孔和伤口侵入，形成初浸染，具有潜伏特点，到葡萄近成熟期发病，该病还可以多次再浸染，造成病害大流行。

（八）葡萄锈病

1.危害症状

葡萄锈病主要存在于植株中下部叶片，叶面染病初期出现零星单个小黄点，周围水浸状，后叶片的背面形成橘黄色夏孢子堆，逐渐扩大，沿叶脉处较多。夏孢子堆成熟后破裂，散出大量橙黄色粉末状夏孢子，布满整个叶片，致叶片干枯或早落；秋末病斑变为多角形灰黑色斑点形成冬孢子堆，表皮一般不破裂。同时还可以危害果梗、穗轴、嫩梢和叶柄，叶柄、嫩梢或穗轴上偶见夏孢子堆。

2.病原菌和发病规律

病原为葡萄层锈菌，属担子菌亚门真菌。病菌在寒冷地区以冬孢子越冬，初浸染后产生夏孢子，夏孢子堆裂开散出大量夏孢子，通过气流传播，叶片上有水滴及适宜温度，夏孢子长出芽孢，通过气孔侵入叶片。菌丝在细胞间蔓延，以吸器刺入细胞吸取营养，后形成夏孢子堆。潜育期约一周再浸染，在生长季适宜条件下多次进行，至秋末又形成冬孢子堆，周而复始，以夏孢子越夏或越冬。夏孢子萌发适温为24 ℃，夜间的高温成为此病流行的必要条件，高湿利于夏孢子萌发，光线对萌发有抑制作用。冬孢子堆在天气转凉时发生。有雨或夜间多露的高温季节利于锈病发生，管理粗放且植株长势差易发病，品种间对锈病抗性差异大。

（九）葡萄酸腐病

1.危害症状

酸腐病是真菌、细菌和果蝇联合危害造成的，严格讲，应属于二次浸染病害。病害会造成果粒腐烂，腐烂果粒的汁液流出会造成汁液接触部位的腐烂，果粒腐烂后干枯，干枯后的果粒只剩果皮和种子。

2.病原菌和发病规律

病原菌为醋酸细菌、酵母菌、多种真菌等。伤口的存在，成为真菌和细菌存活和繁殖的初始因素，并且引诱醋蝇来产卵危害，造成腐烂，同时传播细菌，引起病害的流行。不同成熟期的品种混合种植，能增加酸腐病的发生。机械损伤、病害造成的伤口容易引来病菌和臭蝇，从而造成发病。雨水、喷灌和浇灌等造成空气湿度过大、叶片过密、果穗周围和果穗内的高湿度会加重酸腐病的发生和危害。

（十）葡萄扇叶病

葡萄扇叶病属病毒病，具有分布广，危害重，传染性强，一旦浸染，终身带毒，难以治愈的特点。葡萄扇叶病在世界葡萄产区均有分布，在中国普遍发生，是影响葡萄生产的主要病害之一。

1.危害症状

葡萄扇叶病有三种表现：一是扇叶，植株矮化或生长衰弱，叶片变形，严重扭曲，叶形不对称，呈环状皱缩，叶缘锯齿尖锐。叶片有时伴随着斑驳。新梢分枝异常、双芽、节间长短不等或极短、带化或弯曲等。二是病株在早春呈现铬黄色褪色，病毒浸染植株全部生长部分，包括叶片、新梢、卷须、花序等。叶片色泽改变，出现一些散生的斑点、坏斑、条斑等各种斑驳。斑驳跨过叶脉或限于叶脉，严重时全叶黄化。三是脉带，开始时沿叶主脉变黄，后向叶脉间区扩展，叶片轻度畸形、变小。葡萄植株感病后，生长逐渐衰弱，对不良环境的抵抗力减弱，经济寿命缩短，一般可减产20%～50%，且果品质量下降。同时，枝条的扦插生根力和嫁接成活率明显下降。

2.病原菌和发病规律

扇叶病由变形病毒株系引起，病毒活体在病株上越冬。叶片在早春即表现症状，并持续到生长季节结束，于春季叶片展开至夏初症状明显，夏季高温时症状减弱或消失。黄化、脉带均由产生色素的病毒株系引起。病毒借植株、嫁接和线虫传播。因此，带病苗木、插条、接穗、接芽、砧木是主要传染来源。

（十一）葡萄卷叶病

1.危害症状

葡萄卷叶病的症状主要表现在果实和叶片上，其中最典型的症状是叶片反卷和变色。得病后红色品种的果实颜色变淡，白色品种的果实颜色变黄变暗。并且果实含糖量都会明显下降，果粒变小，着色不良，成熟期延长，植株萎缩。从结果枝基部起，叶片从叶缘向下反卷，红色品种发病初期，主脉间出现很小的红色斑点，以后不断扩大，逐渐连接成片，呈红叶状。白色品种主脉间变黄，显出绿色脉带。叶片黄化褪绿，反卷叶片变皱缩、发脆。严重时，叶片坏死呈灼焦状。从植株的分布情况看，危害先从枝蔓基部的叶开始，以后依次向枝梢方向发展，到秋天，几乎涉及所有叶片，严重时，叶片坏死。该病是葡萄的慢性病，其感病后树势衰弱、发育不良，造成减产，果实的成熟期推迟，质量下降。同时，枝条的扦插生根力和嫁接成活率下降。

2.病原菌和发病规律

该病由葡萄黄化病毒组浸染引起，病毒粒子线性。病原菌在患病的活体植株内越冬。初夏叶子上就出现症状，在初秋时间最严重。其主要由人为的栽培活动传播，用带病苗木、插条、接穗、接芽、砧木等无性繁殖材料，都可传播。

（十二）葡萄根癌病

1.危害症状

葡萄根癌病一般在葡萄蔓根颈部分和枝蔓上发生。在受冻害的葡萄植株上，该病从下往上，直至一年生枝条的冻伤处都可能发病，发病严重的葡萄园嫁接苗在接口处也发病。发病初期在病部形成类似愈合组织状的瘤状物，内部组织松软，随着病瘤的不断增大，表面粗糙不平，并由绿色渐渐地变成褐色，内部组织变白色，并逐渐木质化。病瘤多为大小不一的球形，小的只有几毫米，大的可以达到十多厘米，形状不规则，表面粗糙，有大瘤上长小瘤的现象。发病导致生长衰弱，严重时干枯死亡。

2.病原菌和发病规律

病原为癌肿野杆菌，属于细菌。病菌在病组织以及土壤中过冬，随雨水和灌溉水传播。其通常由机械伤口、虫咬伤口和冻害伤口等侵入树体皮层组织后进行繁殖，不断刺激植物细胞增生，形成癌瘤。癌瘤自5月上中旬开始，至7月上旬迅速扩大，7月下旬至8月上旬又逐渐干缩，部分脱落，污染土壤，成为再浸染源。葡萄根癌病主要通过带病苗木等繁殖材料远距离传播。

二、主要虫害及发生规律

设施葡萄虫害种类较少，以小型害虫为主，主要有葡萄红蜘蛛、毛毡病、蚧壳虫、绿盲蝽、透翅蛾、蓟马等。

（一）葡萄红蜘蛛

葡萄红蜘蛛学名为葡萄短须螨，为细须螨科的一种螨虫。螨体微小，雌成螨大小为0.32 mm×0.11 mm，若虫大小为0.14 mm×0.07 mm，因成虫、若虫及卵均为红色而得名。

1.危害症状

葡萄短须螨以若虫、成虫危害嫩梢、叶片、幼果等。危害新梢后，新梢长势明显削弱，节间与叶脉有褐色细微颗粒状突起。穗轴受害后，表面粗糙且变为褐色，质地变脆，极易折断。叶片受害后，由绿色变成浅黄色，然后变褐，最后焦枯脱落。果粒受害后果皮粗糙呈铁锈色，果实含糖量大减。

2.发生规律

红蜘蛛主要以卵或受精雌成螨在植物枝干裂缝、落叶以及根际周围浅土层土缝等处越冬。当气温回升，葡萄开始发芽时，越冬雌成螨开始活动危害。展叶以后转到叶片上危害，先在叶片背面主脉两侧危害，从若干个小群逐渐遍布整个叶片。发生量大时，在植株表面拉丝爬行，借风传播。葡萄短须螨的发生与温湿度有密切关系，平均温度在29 ℃，相对湿度在80%～85%的条件下，最适于其生长发育。因此，温室条件下红蜘蛛繁殖极快，每年发生7～8代，危害严重，常使全树叶片枯黄泛白。红蜘蛛完成一代平均为10～15 d，既可两性生殖，又可孤雌生殖（单性生殖），雌螨一生只交配一次，雄螨可交配多次。

（二）葡萄毛毡病

葡萄毛毡病不是病，是锈壁虱寄生所致，但人们习惯列为病害。锈壁虱属蛛形纲壁虱目，虫体圆锥形，体长0.1～0.3 mm，体具有很多环节，近头部有两对软足，腹部细长，尾部两侧各生一根细长的刚毛。

1.危害症状

葡萄毛毡病主要危害叶片，也危害嫩梢、幼果及花梗。叶片受害时，最初叶背面产生不规则的白色病斑，逐渐扩大，其叶表隆起呈泡状，背面病斑凹陷处密生一层毛毡状白色绒毛，绒毛逐渐加厚，并由白色变为茶褐色，最后变成暗褐色，病斑大小不等，病斑边缘常被较大的叶脉限制呈不规则形，严重时，病叶皱缩、变硬，表面凹凸不平。枝蔓受害，常肿胀成瘤状，表皮龟裂。

2.发生规律

锈壁虱以成虫在芽鳞或枝蔓皮缝处潜伏越冬，枝蔓下部和一年生嫩枝芽鳞的茸毛中虫量多。翌年春天随着芽的萌动，锈壁虱由芽内移动到幼嫩叶背绒毛内潜伏危害，尤其高温干旱季节发病重，传播迅速，一般露地一年发生3代。

（三）蚧壳虫

蚧壳虫又名“介壳虫”，同翅目蚧总科昆虫的统称。若虫淡黄褐色，体长0.3 mm左右，分泌棉絮状毛覆盖身体。雌成虫介壳圆形，白色，直径2.0～2.5 mm，雄成虫介壳鸭嘴状，长1.3 mm，壳点橘红色，蜡质洁白色。

1.危害症状

葡萄蚧壳虫危害枝干、叶片和果实。其雄性有翅，能飞，雌虫和幼虫一经羽化，终生寄居在枝叶上，危害叶片和枝条，造成叶片发黄、长势衰退。成虫危害时排出大量黏液，招致霉菌寄生，诱发煤烟病等。葡萄蚧壳虫以若虫和成虫危害枝叶和果实，主要排泄无色黏液，落于叶面、新梢和果实上，呈烟煤状，不仅影响葡萄的外观和品质，严重时还能导致树势衰弱，枝蔓枯死。由于虫体被厚厚的蜡质层所包裹，防治困难。

2.发生规律

蚧壳虫虫体小，繁殖快，1年繁殖3～7代。初龄若虫在3～4年生枝条和当年生枝条基部主干皮缝、树孔、果柄基部处越冬，次年4月中下旬出蛰危害幼嫩枝叶，5～9月为各代若虫危害盛期，以第三代若虫危害最严重。

（四）绿盲蝽

绿盲蝽别名花叶虫、小臭虫，属半翅目盲蝽科，成虫体长5 mm，宽2.2 mm，鲜绿色，若虫5龄，与成虫相似。

1.危害症状

绿盲蝽以若虫和成虫刺吸危害葡萄幼嫩器官汁液，被害幼叶最初出现针点大小的红褐色斑点，随着叶片生长，以小点为中心形成不规则孔洞，致使叶片皱缩、畸形甚至呈撕裂状，影响植株光合作用。葡萄幼果受害后形成小黑斑，随着果实增大，果面的坏死斑也变大，不可恢复，严重影响产量和商品价值。

2.发生规律

该虫北方一年发生3～5代，以卵在树皮、枝缝和芽鳞等部位越冬，春季日均气温10 ℃以上开始孵化为若虫，1代成若虫取食危害葡萄嫩芽，2代成若虫对葡萄的花序、幼果危害较大。该虫有转主危害特性，3、4代成虫扩散至园外杂草、苗圃等地取食，9月下旬5代成虫开始迁回葡萄园产卵越冬。因此，春、秋两季是葡萄发生危害的主要时期，也是防治关键时期。

（五）透翅蛾

透翅蛾属鳞翅目透翅蛾科。成虫体长约20 mm，翅展30～36 mm，体蓝黑色。前翅红褐色，翅脉黑色，后翅膜质透明，腹部有3条黄色横带。幼虫共5龄，老熟幼虫体长38 mm左右，圆筒形，头部红褐色，胸腹部黄白色。蛹体长18 mm左右，红褐色，纺锤形。成虫似蜂，有趋光性，飞翔力强。

1.危害症状

以初孵幼虫从叶柄基部及叶节蛀入嫩茎再向上或向下蛀食嫩茎髓部，呈长的孔道，使顶端叶片枯萎死亡，而后又转到其他枝条或粗茎中危害。蛀入处常肿胀膨大，有时呈瘤状，枝条受害后易折断，叶片变黄，果实脱落，节间被蛀害变成紫褐色，蛀入孔有虫粪排出。

2.发生规律

一年发生1代，以老熟幼虫在葡萄枝蔓中越冬。翌年葡萄萌发期化蛹，蛹期5～15 d，在葡萄花期大量羽化，交尾后将卵产在叶腋、芽的缝隙、叶片及嫩梢上，卵期7～10 d。一般幼虫可转移危害1～2次，7～8月间幼虫危害最重，10月份后幼虫老熟越冬。初孵幼虫蛀入嫩茎髓部，蛀食7～10 d后，再转移到粗髓部蛀食。

（六）葡萄蓟马

葡萄蓟马又称葱蓟马、烟蓟马，属于缨翅目蓟马科。其体微小，体长1.4 mm，呈黄色、棕色或黑色。口器锉吸式，能挫破植物表皮，吸吮汁液。

1.危害症状

葡萄蓟马主要是若虫和成虫以锉吸式口器锉吸幼果、嫩叶和新梢表皮细胞的汁液。叶片受害先出现褪绿的黄斑，后叶片变小，卷曲畸形，干枯，有时还出现穿孔。新梢被害生长受到抑制。幼果被害当时不变色，第二天被害部位失水干缩，形成小黑斑，影响果粒外观，降低商品价值，严重时引起裂果和发霉变烂。

2.发生规律

繁殖速度快，在北方地区一年发生3～4代，世代重叠，以若虫或蛹在葱、蒜或杂草内越冬。翌年春季返青时开始活动，寄主范围广泛，达30种以上，主要受害的作物有葱、洋葱、大蒜等蔬菜，危害葡萄主要是幼果时期开始。其在

葡萄上危害一段时间后，便迁到其他果树及葱、杂草上危害繁殖。蓟马成虫活跃，能飞善跳，便于迁飞扩散。它也怕光，早晚或阴天出来危害。

第三节　设施葡萄病虫害绿色防控策略与技术

设施葡萄效益高，一旦发生严重的病虫害会造成很大的经济损失，掌握其发生原因与规律，建立整套的病虫害防治体系，降低病虫害发生概率，对确保产量、果品安全与产业可持续发展有着重要意义。

设施内环境变化受人为的控制，病虫害发生规律与人为的管理措施密切相关，发生的区域性与时期也存在着很大差异，应研究并总结当地设施葡萄病虫害发生的种类和规律，从而制订有效的防治方案。

一、绿色防控策略

设施葡萄病虫害绿色防控必须认真贯彻“预防为主，综合防治”的植保工作总方针。预防为主是指减少设施内病虫源及创造出不利于病虫害发生的环境，在疫情尚未发生时，随时检测疫情动态，做到提前预防，降低病虫害发生风险。综合防治是从农业生产的全局和农业生态系统的总体观点出发，各项防控措施配合和协调，优先采用农业防治、生物防治、物理防治，科学合理地使用化学药剂，经济、安全、有效地控制病虫害，以达到提高产量和质量，保护环境和人民健康的目的。

二、绿色防控技术

（一）植物检疫

设施鲜食葡萄品种更新换代快，生产单位经常通过各种途径从国内外引进品种。从国外引进以及国内地区间调运的种苗、接穗、种条和鲜浆果要进行植物检疫，严禁从疫区调运。发现检疫对象应及时扑灭。通过检疫，有效制止或限制葡萄危险性有害生物的传播和扩散，阻止本地未曾发生的植物病虫害的侵入。特别要防止根瘤蚜、美国白蛾、葡萄癌肿病、扇叶病、线虫等检疫性有害

生物传入新区，扩散蔓延。

（二）农业防治

选择适合葡萄生长的地块和抗病虫害的品种或砧木建园，栽植脱毒苗木，采用抗性砧木和适宜砧穗组合的苗木；保持田间清洁，随时清除被病虫危害的病枝残叶，病果病穗，集中深埋或销毁，减少病源；及时绑蔓、摘心、除副梢，改善架面通风透光条件，减轻病虫危害；加强肥水管理，增强树势，提高植株抵御病虫害的能力，多施有机肥，增加磷、钾肥，使葡萄植株生长健壮；合理、规范使用化肥、农药，优化区域生态环境，及时清除周边杂草，铲除病虫生存和越冬的场所。

（三）生物防治

生物防治主要包括以虫治虫、以菌治菌、以菌治虫等方面。生物防治对葡萄和人畜安全，不污染环境，不伤害天敌和有益生物，具有长期控制的效果。如食菌螨防治白粉病，寡雄腐霉防治灰霉病、枯萎病、霜霉病、白粉病等真菌性病害。释放天敌扑杀、悬挂性诱剂诱杀、喷洒生物药剂杀灭等。目前，葡萄园常用的生物药剂见表15-1。

表15-1　设施葡萄主要应用生物药剂表

生物药剂名称	防治对象
食菌螨	白粉病
寡雄腐霉	灰霉病、枯萎病、霜霉病、白粉病等真菌性病害
多抗霉素	灰霉病等
中生菌素	白腐病、炭疽病等
402生物农药	根癌病
农抗120	葡萄白粉病、葡萄黑痘病
苏云金芽孢杆菌	潜叶蛾等鳞翅目害虫
苦参碱	蚜虫、鳞翅目幼虫及霜霉病等
印楝素	鞘翅木、鳞翅目害虫

续表15-1

生物药剂名称	防治对象
杀虫抗生素（阿维菌素、浏阳霉素、多杀霉素、虫螨霉素、杀蚜素、南昌霉素、梅岭霉素等）	蚜虫、蓟马、白粉虱、螨类、植物线虫等

（四）物理防治

物理防治是利用简单工具和各种物理因素，如光、热、电、温度、湿度和放射能、声波等杀死或驱避葡萄有害生物的方法。其包括最原始、最简单的徒手捕杀或清除，以及近代物理最新成就的运用，可算作古老而又年轻的一类防治手段。如利用一些害虫有趋光性的特点，在葡萄园区中安装黑光灯诱杀害虫，方法简便，经济有效，应用较为普遍，防治效果也好。生长期开展人工捕杀害虫，布设防虫网及防鸟网，温室内挂黄板、蓝板诱杀蚜虫和蓟马等，树干涂抹黏胶阻止蚧壳虫迁移等，花后对果实套袋预防病虫害等。

（五）化学防治

尽管化学农药存在污染环境、杀伤天敌和残毒等问题，但它具有见效快、效果好、广谱、使用方便等优点，仍然是防治病虫害的主要手段，也是综合防治不可缺少的重要组成部分。因此，化学防治是设施葡萄病虫害绿色防控的关键。为了达到经济、安全、有效、无污染的防治目的，要在农药品种选择、防治时间、防治策略和防治方法上做文章。

1.合理选择农药

合理选择化学农药，是设施葡萄绿色生产的有效保障。每种农药都有其各自的化学特性、适用条件、防治范围与防治对象，一定要准确选择使用。

①农药一定要对症，符合生产绿色、有机果品的名录规定。农药的种类多种多样，有杀菌剂、杀虫剂、除草剂、植物生长调节剂等，在选购农药时，一定要注意“对症下药”。另外，杀虫剂、杀菌剂品种也多种多样，要尽可能选择病虫害的特效药。

②购买渠道正规。最好选购知名度高、实力雄厚、技术一流、有信誉度的正规农药公司的农药。购买农药时，要认真查看购买农药的标识说明，弄清其有效成分、商品名称、化学名称等，防止购买同物异名或同名异物的农药，注

意商标、生产厂家、生产日期、有效期限、防伪标记等。

③交替使用农药。长期单一地使用某一种农药，害虫极易产生抗药性，应根据不同害虫情况交替使用其他同类型药剂。

④选用多效能农药。如常用的三唑类杀菌剂种类有苯醚甲环唑、戊唑醇、三唑酮、腈菌唑、丙环唑、氟硅唑等具有保护和治疗作用，内吸传导性、渗透性和熏蒸能力均很强。甲氧基丙烯酸酯类杀菌剂种类有吡唑醚菌酯、嘧菌酯、醚菌酯、露娜森、健达等，内吸活性好，杀菌范围广，对葡萄所有的真菌性病害都有效。

2.适时用药

每一种病虫害都有其发生、发展规律，它的薄弱环节正是我们用药的最佳时期，也就是防治适期。适时用药可以事半功倍，而一旦错过，就很难达到理想的效果。有人认为温度越高药效越好，常常选择中午用药。殊不知此时许多害虫怕热已隐蔽起来，药不及虫而降低药效。况且，多数农药高温下易分解，温室高温作业也易造成作业人员中毒事故。高湿时段打药容易稀释药剂浓度，降低药效等。另外，按照绿色、有机产品规定，不同的化学药剂在收获前不同时段及时停止施用，减少农药残留。

3.适量用药

人们往往治虫心切，认为药量越大效果越好。药量小了固然不能奏效，但药量大，除人为造成浪费外，也易产生药害和人畜中毒事故。因此，一定要根据作物的生长情况和病虫害的发生程度，适量配比，合理使用。要有针对性地用药，病虫害不危害到一定程度不宜打药，局部发生病虫害只打局部，勿涉及整体。设施内病害轻，没必要经常打预防性药剂。不随意提高药液浓度，提高浓度浪费农药，易误伤天敌、引起药害及增加药物残留。

4.方法要得当

不同的病虫害应选择不同的防治方式，如喷雾、喷粉、涂茎、熏蒸、毒饵等。对地下害虫的防治一般采用撒毒饵的方法，茎部的病害选择药剂涂茎的方法。但无论选择何种方式，用药一定要均匀、周到，以尽量小的雾滴均匀地喷布到叶片等葡萄组织或器官上，才能实现既节省农药又能发挥最佳效果的目的，选择雾化状态好的喷药器械。喷药器具尽量专用或每次使用前后均要清洗。

三、西北地区设施葡萄病虫害简约化绿色防控策略

葡萄生长过程中，病虫害是与葡萄生长相伴而生，在葡萄生产中不能发生一种虫、一种病就进行一次化学防治，而必须采取综合的方法，系统地对全年发生的病虫害制订一套综合的方案进行防治。

（一）搞好预测预报是基础

根据各栽培区布局，建立病虫害预测预报体系，对病虫害发生、发展规律进行系统调查记载，根据病虫害分布状况、发生种类、发生程度、危害部位、损失情况确定有效的防治方法，是采取物理方法、农业防治方法，还是化学防治方法，一定要做到经济、安全、有效。

（二）统防统治是提高防治质量的保证

不论是家庭式种植，还是规模型种植，根据病虫害测报结果，按照防治对象和防治指标，针对某时期主要病虫害发生的种类、虫态、轻重程度，兼顾次要病虫害，制订统一的防治方案。做到统一药剂、统一浓度、统一器械、统一人员、统一喷防时间，进行室内室外连片集中防治。减少喷药次数，生产绿色优质安全的果品。

（三）抓关键时期是根本

1.突出冬季修剪清园措施

冬季修剪时，把修剪下来及清扫的各种枝条、落叶、老翘皮、病虫果、杂草等带出设施外，集中粉碎发酵利用或作无害化处理。

2.喷施硫制剂预防

萌芽前用3～5°Bé石硫合剂，或28%强力清园剂1500倍或40%石硫合剂晶体100倍，对温室内外树冠、地面、田边、地埂、杂草进行全面喷雾，降低病菌、虫卵越冬基数，效果非常明显。

3.生长期综合防治

（1）物理隔离

利用温室覆盖、布设防虫网、果实套袋措施，减少病虫害感染。

（2）诱杀

采用色板、灯光、饵料、糖醋液等对症诱杀。

（3）喷施杀菌剂

开花后每隔20 d左右喷施寡雄腐霉、碧护及同类型药剂或微量元素肥，增强植株抗病能力，防病杀菌。

（4）及时防治发生的病虫害

及时防治发生的病虫害，按照绿色食品生产允许使用的农药和植保产品科学用药，防早防小。

第四节　设施葡萄生理病害的发生与预防

葡萄的生理病害，通俗来说就是葡萄在种植过程中，管理措施和方法不当，致使营养元素失衡，或遇到特殊的气候和土壤条件，使得葡萄正常的生理代谢受到干扰，生理机能受到破坏，从而在葡萄的外部表现出来的生理性症状。这些症状通常表现在葡萄的叶和果实上，没有病原菌和害虫，不具传染性。设施葡萄栽培中生理病害有生理性病害、缺素症及药害、肥害等。

一、葡萄生理性病害

西北地区设施葡萄栽培中，主要的生理性病害有日灼、气灼、裂果、落花落果病、水灌子病等。

（一）葡萄日灼症

1.症状

葡萄日灼一般发生在果实膨大期，由于设施内温度过高，光线直射到果面导致果面水分蒸腾急剧增大，植株不能满足蒸腾消耗而失水引起，主要发生在果穗肩部和向阳面。初发病时，果面出现似开水烫伤状，果皮失绿变黄，出现浅褐色斑块，后扩大成圆形或椭圆形、表面稍凹陷、边缘不明显的坏死斑，并有酒臭味。果实受害后易受炭疽病危害而引起腐烂。

2.发生原因

葡萄日灼症在西北地区设施葡萄栽培中经常发生。在幼果膨大期强光照射和温度剧变环境下，果穗在缺少荫蔽的情况下，受高温、空气干燥与阳光的强辐射作用，果粒幼嫩的表皮组织水分失衡发生灼伤。日灼症的发生与轻重程度有以下诱因：

①果实在缺少叶片荫蔽的高温条件下，导致局部缺水发生灼伤，或者是渗透压高的叶片向渗透压低的果实争夺水分所造成。

②葡萄植株根系生长和树势差，叶片小而少；植株结果多、树势衰弱、叶幕层发育不良；修剪不合理，或者枝条修剪过度，使得果蒂不能得到适当遮阴。

③日灼严重程度与气候条件、架式、树势强弱、果穗着生方位及结果量、果实套袋早晚以及果袋质量等因素密切相关。

④植株外围果穗、果实向阳面日灼发生重，套袋晚的时候或者气温高的时候进行套袋，会加重日灼病。

3.预防措施

①选择合理的种植密度，采用棚架、“T”形架等架式，使葡萄果穗处在阴凉的地方。

②增强树势，提高葡萄植株抗逆能力。幼果膨大期喷洒壮果灵，协调植株营养平衡。

③高温天气注意调控设施内温湿度。

④对于容易发生日灼的葡萄品种，应该在果穗附近多留些叶片或副梢，用于果穗遮阴。

⑤在葡萄坐果稳定后尽早套袋，可以减少强光对果实的灼伤，套袋时避免高温下套袋，选袋要求防水、透气性好。套袋前对全园喷施一次优质保护性杀菌剂，等药液晾干后再开始套袋。

（二）葡萄气灼症

1.症状

葡萄气灼症也叫缩果病，属于葡萄生理性病害，一般发生在幼果期，最初表现为失水、凹陷、浅褐色小斑点，迅速扩大为大面积病斑，整个过程在数小时内完成。

2.发生原因

葡萄气灼症是由于“生理性水分失调”造成。一般情况下，连续阴雨或浇水，天气突然转晴高温、闷热容易导致气灼病发生。这是因为根系被水分长时间浸泡后功能降低，影响水分吸收，而高温需要比较多的水分，植株需水与供水发生矛盾，致使幼果水分生理失调而发生气灼。气灼发病部位与阳光直射无关。

3.预防措施

改善果园管理，增强树势，增强枝叶的健壮程度；适时适量灌水，避免高温前灌水；在套袋之前充分灌溉1次，避免高温时候套袋；高温季节可以采用果园行间生草的方式，减少地面热量的吸收，降低地面蒸腾，降低果实周围微环境的温度，减少气灼症的发生。

（三）葡萄裂果症

1.症状

葡萄裂果症在果实转色期或在幼果膨大期，发生果粒不同程度的开裂甚至露出种子，裂果发生的部位为果实顶部、果实蒂部、果实中部，开裂的方式有纵裂和弯月状环裂等。裂口处易感染霉菌腐烂，失去商品价值。

2.发生原因

①品种因素。某些品种果皮薄，果皮耐拉力弱，如藤稔、里扎马特等易发生裂果现象。

②土壤水分剧烈变化，果实细胞突然大量吸水后，当果肉体积膨胀超过了果皮膨胀限度时造成裂果。如露天葡萄遇连续降雨，温室黏质土壤大量浇水。

③果穗过于紧密，果粒之间挤压严重，膨大过程中挤压裂果。

④植株负载量过大，果实表皮营养积累缺乏，或植物生长调节剂使用不当，果皮结构发生变化，抗拉性降低。

⑤土壤缺钙或缺硼使果皮组织的强韧性变差，果皮薄而脆弱，也易造成裂果。

⑥病害。白腐病和根癌病影响水分的运输和营养供应造成裂果，白粉病危害果实造成外表皮细胞死亡引起裂果。

3.预防措施

①合理灌水，使土壤内保持适宜的水分，避免土壤内水分变化过大，特别是果实生长后期土壤干旱灌水时，要防止大水漫灌。

②对果粒紧密的品种通过拉长果穗和疏果，如花后摘心，适当落果，使树体保持适宜的坐果量。

③适时防治白腐病和白粉病等，可减轻裂果。

④适当喷施优质钙肥或硼，促使果实正常发育。

（四）葡萄落花落果病

1.症状

葡萄开花前1周的花蕾和开花后子房的脱落为落花落果，当落花落果率非常严重，在80%以上后称为落花落果病。

2.发生原因

葡萄生理性的落花落果病主要是外界环境条件的变化，影响受精授粉而造成大量落花落果。如花期干旱或阴雨连绵，或花期刮大风或遇低温等，都能造成受精不良而大量落花落果；施氮肥过多，花期新梢徒长，营养生长与生殖生长争夺养分，使花穗发育营养不足而造成落花落果；留枝过密，通风透光条件差；植株生长缺硼，则限制花粉的萌发和花粉管正常的生长，也严重影响坐果率等。

3.预防措施

①落花落果严重的品种如玫瑰香、巨峰等可在花前3～5 d摘心，以控制营养生长，促进生殖生长。对生长势过旺的品种要削弱营养生长，缓和树势。

②平衡磷钾肥的施用。

③开花前喷B9或矮壮素等生长调节剂，改善花期营养状况。花前喷0.05%～0.1%的硼砂，可提高坐果率。也可在离树干30～50 cm处撒施硼砂后灌水。

（五）葡萄水罐子病

1.症状

葡萄水罐子病其实是葡萄生理性的不良反应，常发生于果实近成熟期。有色品种果实着色不正常，颜色暗淡、无光泽，绿色与黄色品种表现水渍状。果

实含糖量低，酸度大，含水量多，果肉变软，皮肉极易分离，成一包酸水，用手轻捏，水滴溢出。果梗与果粒之间易产生离层，病果易脱落。

2.发生原因

一般在树势弱、负载量多、有效叶面积小时诱发此病。土壤瘠薄又干旱，土壤黏重易积水处发病重。果实成熟期在高温后遇雨，田间湿度大、温度高，影响养分的转化，发病也重。

3.预防措施

①加强管理，改良土壤，增强树势，合理负载。

②适时适量灌水，特别注意低洼地不要积水。

③在幼果期，叶面喷施磷酸二氢钾200～300倍液，增加叶片和果实的含钾量，可减轻发病。

二、葡萄缺素症

葡萄种植过程中，对营养元素的要求是多种多样的，但由于土壤不能按时足量供给，致使缺乏某一种元素，葡萄植株表现出的对应症状即是葡萄缺素症，严重的缺素症属于栽培中常见的生理病害。

葡萄缺素后，在葡萄生长发育方面就有具体表现。有的某一元素缺乏后，只表现出植株缺少该元素的症状；有的则因为营养元素之间吸收利用的耦合作用，表现出多种元素缺乏的症状。有的缺素症状只能由一种元素引起，有的缺素症状如叶片黄化褪绿则可能由多种元素引起。因此，具体实践中，需要比较鉴别，最好采用植物生理仪器进行化验，精准确定。

葡萄缺素后的普遍表现为：叶片黄化褪绿、营养生长和生殖生长严重不均衡、一些组织器官表现出明显不正常、出现斑块状腐烂、长出畸形果和叶、果实品质明显下降等。

葡萄的缺素是时常发生的，且是动态变化的。随着葡萄园的地域、树龄的大小、年度内不同的生长发育时段、年度间不同的管理措施而不同，通过不断的矫正，达到基本动态平衡即可。

葡萄缺素后，主要的矫治方法是按照测土、测树手段，查清缺素状况，通过基肥、追肥、喷肥等方式，施入有机肥、化肥、微量元素肥，使土壤营养元素基本齐全，能够满足葡萄植株均衡生长发育的需求。

三、药害的发生与预防

喷药是防治果园葡萄病虫害的主要措施。设施中温度较高，湿度较大时，不合理地施用农药或植物生长调节剂，特别是浓度加大后容易产生药害。其主要危害幼嫩组织如新梢、幼叶及幼果等，叶片常出现黄化现象。一般在打药以后3～5 d表现出来，位置集中在中间叶片。

预防措施：施用合理浓度的农药，从未使用过的农药要认真研读说明书，必要时先开展小面积试验后再使用，避免温度过高以及有露水或雨后用药，不胡乱混配农药，喷药器具尽可能专用。

出现药害后，要及时做补救措施，随即给葡萄喷水，稀释药液浓度，防止危害加重；叶面喷施生物刺激剂叶面型+芸苔素内酯，提高葡萄抗逆能力与营养水平；土壤灌水，并追施氮肥促进营养生长。

四、肥害的发生与预防

肥害是肥料使用不当，既包括在温室内产生有毒气体氨气和亚硝酸气（NO_2）造成的危害，也包括过量使用化肥或未发酵过的有机肥造成的烧苗现象。

（一）氨气

温室内施用尿素等氮肥，分解产生的氨气，如果浓度超过5 mg/L就对葡萄有危害作用。不合理的尿素施用和施用未腐熟的有机肥容易产生氨气，植株在温室密闭保温期易受害。受害叶片先呈水浸状接着变成黑褐色，尤其叶缘部分幼嫩花穗，极易受害。

另外，过量使用化肥、未腐熟的有机肥和大浓度地使用叶面肥，也易引起烧苗，使葡萄根系受损，叶片黄化。严重时叶干枝枯，生长不能恢复，最后造成死枝死树。

预防及补救措施：氮肥施用量要适中，施用尿素后立即覆土，也可以与过磷酸钙等酸性肥料混用，并充分灌水，可抑制氨害的发生，氨味过重时应及时开窗换气。有机肥要经过发酵后使用，喷施叶面肥不要任意增加浓度等。对已发生肥害的葡萄，必须立即用大水灌浇，稀释肥料浓度，叶面喷施磷钾源库+芸

苔素内酯，补充树体营养，恢复正常生长等，最大限度地降低危害。

（二）亚硝酸气（NO_2）

氮肥在温度适宜时，经2～3 d产生氨气，氨气进一步分解产生亚硝酸气，如果植株在施肥后一个月左右受害，则多为亚硝酸气所致。症状表现多是叶面，严重时除了叶脉以外，叶肉部分全体漂白、枯死，这种气体可以通过气孔或水孔进入组织侵入细胞。一般情况下，变成亚硝酸气后很快成为硝酸被植物所吸收，但若施肥过多，亚硝酸气则在土壤中集积，亚硝酸气体超过每升2 mg时，葡萄就会表现受害症状。亚硝酸气的危害，较多发生于施用大量氮肥的沙质土壤中。

室内露水的pH值，可以预测亚硝酸气体的发生，这种气体未发生时，露水呈中性，发生后pH值下降（见表15-2）。

表15-2　温室内露水pH值与有害气体

危害程度	pH	氨态氮 /（mg/100 mL）	亚硝酸态氮 /（mg/100 mL）
大	3.6	0.93	2.10
中	4.7	0.56	1.60
小	4.9	0.56	1.00
正常	6.8	0.70	0.50

预防及补救措施：尿素在温室中施入时要正确合理，有机肥要经过充分发酵后施入。植株发生危害症状后，要很快开窗换气。还可叶面喷洒清水稀释洗涤。

五、除草剂危害与预防

葡萄对大部分除草剂敏感，温室内坚决不用。需要说明的是：2,4-滴丁酯除草剂经漂移或雨水夹带及雨后高温蒸腾都会对葡萄植株产生严重危害，一旦发生药害，没有补救措施。因此，温室葡萄园区及周边也应避免使用除草剂，当发现周边喷施除草剂时要及时密闭温室。一旦出现除草剂药害，喷施芸苔素、碧护等农药可减轻部分危害。

第十六章　设施葡萄栽培小微农机应用

农业机械化与智能化是进入小康社会后，我国农业经济发展的重要目标。随着我国农业从业人口逐渐进入老龄化趋势，设施葡萄栽培也必然走向机械化的道路。设施葡萄种植从发芽到果实采收后整个过程，以及设施的保温降温操作等，用工量大，劳动强度大，机械设备的应用对于改变传统葡萄的纯手工种植及管理模式，提升葡萄产量和品质，切实有效地推动设施葡萄产业的发展具有决定性的意义。

设施空间狭窄，土地面积小，管理精细，为了简化劳动，提高功效，有关研究部门，紧密结合日光温室耕作的特殊环境，研发和推广了一系列小型农机设备，合理地选择使用，可有效满足设施葡萄栽培松耕除草、浇水施肥、植保喷药、物品运输、保温降温、通风等机械作业，提升农业现代化水平。

第一节　土壤管理机械

设施葡萄栽培土壤管理主要为葡萄架下和行间耕作、除草和施肥等。

一、耕地除草机械

设施耕整地机械以旋耕整地为主，更换作业部件后，可进行犁耕、培土、开沟、深松、作畦、起垄、除草等作业，配套主机为2.5～4.5 kW动力驱动的手扶式、自走式、乘坐式拖拉机等，式样繁多，型号齐全。行走有两轮或四轮的，也有履带式的。主要机械有：履带土壤旋耕机、大棚深翻机、偏置式开沟机、

多功能果园管理机、地膜覆盖机、大棚除草机、背负式割草机、果园避障割草机等。这类机械功能多样，操作灵活，上下左右任意调整耕地深度，松土除草质量高，并可在设施边角、葡萄架下进行有效作业。

二、施肥机械

施肥机械主要为开沟、挖穴、打孔等深施肥料的机械，特别是葡萄有机肥开沟、挖穴施入机械的研制，解放了劳动力，提高了生产效率，使目前人力已不能完成而又必须操作的工序得以实现。主要机械类型有：自走式多功能施肥机、偏置式振动深松施肥机、果园开沟施肥一体机、便携式果树（打孔）施肥机、各种大棚挖穴机、微型挖掘机等。

三、灌溉设备

设施葡萄灌溉设备主要为温室微喷系统、膜下滴管系统、小管出流系统，以及水肥一体机等。

第二节　植保喷药机械

设施葡萄植保机械喷药省时省力，降低劳动强度，提高药效，农药残留少。主要代表机械有：各类高压迷雾机、普通电动喷雾器、烟雾机、温室病害臭氧防治机等。除了植保喷药，设施栽培中也可应用于叶面喷肥、喷布破眠剂、喷水调温、棚膜清洗除尘等。

一、高压弥雾机

高压弥雾机通常以柴油机为动力源，根据需要可在葡萄架下及行间行走作业，当设施空间狭窄机器进出不便时，设备可停放在设施外，人力牵管打药，机器设备动力大，雾化效果好，工作效率高，适宜室内室外大面积作业。如风送气送静电结合式高效精细弥雾机等。

二、普通电动喷雾器

普通电动喷雾器是在传统背负式手动喷雾器基础上的改进类型，主要是动力源变成了可充式电源，还以背负式为主，也出现了牵引式类型。目前主要在设施葡萄园常用，机器体积小，重量轻，投资少，操作简单灵活，雾化效果较好，工人劳动强度较低。

三、果园植保烟雾机

果园植保烟雾机机械类型多，常用脉冲烟雾机、硫黄熏蒸器等。其具有扩散面积大，穿透力强，农药附着好，着药面均匀，提高药效等优点，非常适宜在日光温室葡萄栽培中使用。

四、温室病害臭氧防治机

温室病害臭氧防治机是以温室内的空气为原料，通过高压放电技术使氧气结合成三氧原子的臭氧，可对温室内空气、植株表面的有害细菌、真菌、病毒等快速杀灭或钝化。完成杀菌消毒过程后，由于臭氧的还原特性，常温下几分钟后臭氧又还原成氧气，因而用臭氧杀菌消毒，无污染，无残留。

五、机器人喷药

机器人喷药通过视觉监测，或者程序控制，由机器人智能操控喷洒系统喷药，方便快捷，保护了工作人员身体健康，降低劳动和喷洒成本等。

第三节　温室保温降温设备

温室保温降温设备主要为温室的附属机械设备。

一、卷帘机械

卷帘机械适用于温室卷铺草帘、保温被等，工作长度可达80 m左右，每次卷（铺）帘只需4～5 min，比人工卷（铺）帘提高相对工效10倍以上。根据行

走方式的不同，温室卷帘机械分为固定式卷帘机（卧式卷帘机）和自走式卷帘机两种，均使用电力驱动。可以自动遥控的前驱式卷帘机及侧驱式卷帘机，结构简单，造价低，动力大。

二、通风机械

通风机械是温室中使用电力或人工，通过特殊的传动机构将棚室顶窗、侧窗开启和关闭的机械系统。温室中常用的有齿轮齿条开窗机、曲柄连杆开窗机、推拉窗等。齿轮齿条开窗机是现在最常用的一种开窗机械，因其性能稳定，运行安全可靠，承载能力强，传动效率高，运转精确，便于实现自动控制，是大型连栋温室的首选型式。日光温室设置的上下风口，可采用卷轴式卷膜器开闭风口。

三、湿帘风机降温系统

湿帘风机降温系统是利用水分蒸发时空气中的湿热转变为潜热的原理进行降温。通过电动风机抽送，室外干燥空气通过湿帘降温后进入温室。这是大型连栋温室夏季高温天气常用的有效降温方式。单栋日光温室，也可只安装电动风机通风降温。

四、温室遮阳网机械

大棚遮阳网自动收放机、遮阳网主动卷收装置等，主要用于温室内外遮阳网的展开和收拢，以及放下和卷起，快速调节设施内的温度和光照。

第四节　其他机械机具

一、枝蔓管理机具

葡萄枝蔓管理中，除了露地葡萄应用的葡萄埋藤机、绿篱平剪锯外，在设施葡萄生产过程中，绑蔓、剪枝等环节虽然费工费时，但目前在机械作业上尚属空白。但有一些先进机具，也可提高人工工效。如葡萄绑枝机、绑蔓器、电动修枝剪等。

二、园区运输机械

（一）微型装载车

一般以柴油机为动力源的微型专业装载车，主要用于翻倒有机肥，促其发酵，也可以装载有机肥等重物。

（二）轻型运输车

一般以汽、柴油机为动力源的小型四轮轻型、中短途运输车辆如皮卡、单排箱轻型运输车辆，车型很多。其是葡萄园购买生产资料如农膜、肥料等，或将采摘下的葡萄运往包装车间的运输设备。该类运输车体型小，灵活方便，为葡萄园必备车辆。

（三）田间小型重载运输车

以柴油机为动力源的小型履带式载重短途运输车辆，是葡萄园田间运输有机肥或其他杂物的专业性工具，体积非常小，载重大，行驶速度慢，可在田间运输较重的物资。该车型体积小，适合于葡萄架下或行间运输作业。

（四）小型电动运输车

以蓄电池为动力源的小型三轮或四轮短途运输车辆，是在葡萄园内行驶运输轻质材料的专业性车辆，体积小，重量轻，动力小，行驶速度较快，型号众多。该车型灵活、简单、方便，很受欢迎。

三、枝蔓粉碎机械

枝蔓粉碎机械是应用体积小，以柴油机为动力源，履带式，可自动行走，便于操作的葡萄枝蔓粉碎设备。将经过粉碎后的枝蔓碎片，掺杂在有机肥内或直接铺设到葡萄植株根颈处周边，以保持土壤疏松，达到土壤元素，尤其是微量元素耗补平衡的目的。

四、小型升降机

设计较高的葡萄架面，需要小型升降机开展日常管理作业。同时，温室大棚等设施设备维修维护、常规塑料薄膜更换、葡萄储存等高处作业也需要小型升降机。

参考文献

[1]贺普超.葡萄学[M].北京:中国农业出版社,1999.

[2]孔庆山.中国葡萄志[M].北京:中国农业科学技术出版社,2004.

[3]史江莉.现代葡萄简约栽培技术[M].郑州:黄河水利出版社,2018.

[4]郝燕,王忠跃,王玉安,等.甘肃省葡萄病虫害防控技术手册[M].北京:中国农业出版社,2015.

[5]赵常青,蔡之博,吕冬梅,等.现代设施葡萄栽培技术[M].北京:中国农业出版社,2019.

[6]曹孜义,李长成.葡萄多种栽培技术[M].兰州:甘肃科学技术出版社,2000.

[7]樊巍,王志强,周可义.果树设施栽培原理[M].郑州:黄河水利出版社,2001.

[8]丁一汇,王守荣.中国西北地区气候与生态环境概论[M].北京:气象出版社,2001.

[9]王世平,张才喜.葡萄设施栽培[M].上海:上海教育出版社,2005.

[10]刘捍中.葡萄优良品种高效栽培[M].北京:中国农业出版社,2006.

[11]王江柱,赵胜建,解金斗.葡萄高效栽培与病虫害看图防治[M].北京:化学工业出版社,2018.

[12]李华.葡萄栽培学[M].北京:中国农业出版社,2008.

[13]王娇阳,江景勇,卢秀友,等.我国葡萄设施栽培技术研究及应用(综述)[J].台州农业,2006(4):35-37.

[14]蒲曙光.葡萄设施栽培技术的研究现状及发展趋势[J].安徽农学通报,2008(9):154-155.

[15]薛勇．葡萄扦插育苗[J]. 落叶果树，2004（5）：58–59.

[16]曹秀云．葡萄扦插快速育苗方法[J]. 河北林业科技，2005（1）：39.

[17]刘士莉，彭守创．红地球葡萄日光温室扦插育苗技术[J]. 落叶果树，2001（3）：48–49.

[18]李玉航．贝达葡萄砧木倒置催根技术[J]. 辽宁林业科技，2000（4）：39–44.

[19]严晓卫，李有文．玉门日光温室葡萄嫩枝扦插技术研究[J]. 甘肃农业科技，2007（8）：62–63.

[20]宋彩莲，沈国全，马起林．葡萄现代化嫁接育苗技术[J]. 果农之友，2022（10）：28–29.

[21]阿巴白克尔·塔依尔．葡萄嫁接育苗技术[J]. 农村科技，2011（9）：34–35.

[22]郭锐，何永清，何秀娟．酿酒葡萄硬枝机械化嫁接技术的应用与存在的问题[J]. 酒钢科技，2013（4）：6.

[23]赵紫芬，陈文华．葡萄脱除病毒及试管苗繁殖技术的研究[J]. 北方农业学报，1993（1）：33–34.

[24]肖蕊．葡萄试管苗热处理脱毒技术研究[J]. 农业与技术，2014（5）：155.

[25]李梅荣，张俊成．日光温室葡萄栽培技术[J]. 甘肃农业科技，2004（8）：26–28.

[26]刘建敏．日光温室葡萄促成栽培技术[J]. 北方园艺，2005（6）：22–23.

[27]王世平．葡萄根域限制栽培技术[J]. 河北林业科技，2004（5）：93–94.

[28]李燕，崔国忠．葡萄根域限制栽培技术的应用效果[J]. 落叶果树，2013（4）：8–10.

[29]蔡静．大棚葡萄根域限制栽培技术[J]. 果树实用技术与信息，2020（2）：19–20.

[30]汤菊芳．设施葡萄根域限制栽培技术[J]. 上海蔬菜，2013（3）：64–69.

[31]于立杰．葡萄园省力化栽培新模式[J]. 辽宁农业职业技术学院学报，2017（4）：4–6.

[32]王海波，王宝亮，王孝娣．葡萄设施栽培高光效省力化树形和叶幕形[J]. 农业工程技术：温室园艺，2009（1）：36–39.

[33]王建平，王丽娜，陆家云．葡萄高效省力化生产技术浅探[C]//葡萄产业化与标准化生产——2007年第十三届全国葡萄学术研讨会论文集．常德：2007.

[34]曾玉华，田申杰，刘美玲，等．阳光玫瑰葡萄“V”形飞鸟架应用实践及节本增效栽培要点[J]. 中国南方果树，2021(6)：141-147.

[35]覃杨，董畅，肖丽珍，等．寒地设施葡萄小“厂”形树形栽培管理关键技术[J]. 中外葡萄与葡萄酒，2020(3)：34-37.

[36]商佳胤，田淑芬，王丹，等．适合设施葡萄栽培的架型与树形[J]. 河北林业科技，2014(5)：132-134.

[37]商佳胤，李树海，田淑芬，等．设施葡萄观光园的树形与修剪[J]. 天津农业科学，2010(1)：88-90.

[38]肖丽珍．寒地设施葡萄水平单干单臂“Y”型架整形修剪技术[J]. 辽宁农业职业技术学院学报，2015(2)：14-15.

[39]刘照亭，郭建，任俊鹏，等．葡萄棚架“飞鸟型”树形的整形修剪技术[J]. 浙江农业科学，2014(9)：1375-1377.

[40]张宗勤，张鹏，鞠延仑，等．葡萄轻简化栽培管理技术[J]. 中外葡萄与葡萄酒，2022(6)：83-87.

[41] 王芳，雷春梅，王俊义，等．乌海地区日光温室葡萄轻简化优质高效栽培技术[J]. 中外葡萄与葡萄酒，2016(5)：111-112.

[42]陈志宏，华和春，郭从阳．红地球葡萄日光温室延后轻简化丰产栽培技术[J]. 中国果树，2014(4)：58-60.

[43] 王富霞，边凤霞，朱志刚，等．新疆和田地区葡萄轻简化栽培关键技术[J]. 中外葡萄与葡萄酒，2021(2)：22-25.

[44]徐明举．大棚葡萄花果管理技术要点[J]. 河北果树，2000(1)：52.

[45]陈彩霞，刘振怀．葡萄花果管理技术[J]. 中国园艺文摘，2016(4)：200-201.

[46]李燕．夏黑葡萄温室栽培花果管理关键技术[J]. 现代园艺，2019(18)：37-38.

[47]张雯，潘明启，努里阿·阿合买提，等．西北干旱产区葡萄新梢与花果生长期管理技术要点[J]. 农村科技，2022(6)：39-42.

[48]张海燕．植物生长调节剂在设施葡萄上的应用[J]. 河北果树，2014(3)：24-25.

[49]国家葡萄产业技术体系育种研究室．植物生长调节剂在葡萄生产中的应

用[M]. 北京：中国农业出版社，2011.

[50]王丽，王济良，孙小波，等. 植物生长调节剂在葡萄上的应用[J]. 安徽农学通报，2005（10）：60-61.

[51]顾克余，周蓓蓓，宋长年，等. 植物生长调节剂及其在葡萄生产上的应用综述[J]. 江苏农业科学，2015（07）：13-16.

[52]朱华丽. 葡萄套袋技术研究[J]. 上海农业科技，2002（1）：61.

[53]冯冀，赵文清. 葡萄套袋技术应用研究[J]. 河北果树，2001（1）：49.

[54]申坚，郁铿. 促进"巨峰"葡萄着色增糖的技术措施[J]. 上海农业科技，1992（1）：8-9.

[55]刘宏印. 促进棚室葡萄着色技术要点[J]. 农业工程技术—温室园艺，2007（5）：58.

[56]王亚兰. 吐鲁番地区设施葡萄土壤改良技术[J]. 现代农村科技，2013（17）：43.

[57]施南芳. 设施栽培对土壤主要养分的影响及土壤改良措施[J]. 农技服务，2012（4）：407-408.

[58] 彭炳惠，岳兴星. 温室土壤的改良方法[J]. 山西农业，2005（2）：34-35.

[59] 乔宝营，朱运钦，黄海帆，等. 大棚葡萄配方施肥技术研究[J]. 北方园艺，2008（3）：106-107.

[60] 郑皓莹. 设施葡萄科学浇水技术[J]. 现代农业，2019（5）：45-46.

[61] 蒋万峰，王建春，张静. 哈密垦区设施葡萄水肥一体化技术探讨[J]. 新疆农业科技，2016（5）：44-45.

[62]吴业东，张霞，曲长福. 日光温室葡萄栽培环境因子的控制[J]. 北方园艺，2007（1）：66-67.

[63]吴玉霞，常永义，杨江山，等. 西北地区日光温室葡萄优质高效延后栽培与环境调控技术[J]. 中外葡萄与葡萄酒，2011（11）：36-38.

[64]张凤敏，宫美英. 浅谈果树设施栽培的二氧化碳施肥[J]. 西北园艺，1999（3）：24-25.

[65]闫爱玲，张国军，徐海英. 设施葡萄产期调节技术研究进展[J]. 北方园艺，2008（11）：67-70.

[66] 倪建军. 葡萄产期调控技术研究[D]. 长沙：湖南农业大学，2009.

[67] 张爱国. 温室葡萄休眠期管理技术[J]. 江西农业,2018(2):13.

[68]杜丽清. 设施葡萄休眠及其生长发育规律的研究[D]. 太原:山西农业大学,2003.

[69] 赵常青,蔡之博,康德忠,等. 葡萄促成栽培休眠障碍与花芽分化异常表现及解决方法[J]. 中外葡萄与葡萄酒,2013(3):32-33.

[70]唐永清,韩有刚. 设施葡萄病害绿色防控技术[J]. 北方园艺,2012(7):145-146.

[71]朱发英,牟德生,张兆铭,等. 武威绿洲日光温室葡萄主要病害发生规律及综合防治[J]. 甘肃林业科技,2011(1):46-47.

[72]孙爱峰,冯凡. 葡萄主要病虫害绿色防控技术[J]. 现代农业科技,2020(19):120-121.

[73]谢发锁,敬风梅. 葡萄主要生理性病害与综合防治[J]. 北方果树,2010(2):26-27.

[74]张建亮. 葡萄生理性病害特征及防治[J]. 天津农林科技,2011(6):31-32.

[75]田益华,龚小华,奚晓军,等. 葡萄设施栽培的机械化应用实践[J]. 上海农业科技,2014(5):72-73.

[76]杜爱华,陈海波,陈娟,等. 葡萄栽培的农机农艺融合技术[J]. 农业装备技术,2019(6):23-26.